AF537430

*J. Allen Boone*

# Die große Gemeinschaft der Schöpfung

*Gespräche zwischen Mensch und Tier*

Titel der Orginalausgabe „*Kinship with all Life*"
HarperCollins Publishers
New York, N. Y. 10022


Übersetzung: Ursula Fassbender
und Ludwika Müller

Reichel Verlag
93053 Regensburg

E-Mail: mail@reichel-verlag.de
www.reichel-verlag.de

ISBN 978-3-946959-21-2

# Inhalt

Strongheart

Wir leben alle in einem Königreich –
Steine, Pflanzen, Tiere und Menschen –aber wir haben die Verständigung untereinander verlernt.
Die jahrhundertalten Psalmen der Bibel sagen es:

Rede zur Erde, sie wird dich lehren
Frag die Vögel, sie werden es dir erzählen
Die auf der Erde kriechende Tierwelt wird dich unterweisen
Die Fische des Meeres können davon reden
Denn all diese wissen es, es ist der Weg des Ewigen,
In dessen Hände das Schicksal jeder lebenden Seele liegt.

*Ijob 12.7-10*

Kurz vor zwölf?
Bleibt noch Zeit zum Aufwachen?

Die Erde, die Natur, die Lebewesen um uns! Sie alle waren so geduldig, so dienend – und wurden bis aufs Äußerste ausgenutzt. Wie werden Tiere heute von vielen Menschen betrachtet? Überheblich und grausam geht man mit ihnen um. Die Redewendung „jemand benimmt sich wie ein Tier“ in ihrer negativen Bedeutung zeigt schon die ganze Arroganz und Dummheit des Menschen.

Wie Tiere wirklich sind, intelligente, vollkommene Geschöpfe – das zeigt Ihnen dieses Buch. Tiere wollen mit uns leben, uns helfen, uns lieben, mit uns kommunizieren!
J. Allen Boone zeigt in seinem Buch auf die universelle Sprache der Liebe zwischen allen Geschöpfen und öffnet so den Weg zu neuer Erfahrung.

Alle denkenden Menschen auch der kommenden Generation werden aus diesem Buch Gewinn ziehen.

*Joel S. Goldsmith*

J. Allen Boone mit Strongheart

# Vorwort

In einer Zeit, die vom ständigen Wechsel gekennzeichnet ist und in der überall Verwirrung, Mißtrauen, Streit und Leid allgegenwärtig sind, ist es aufschlußreich, zu sehen, daß immer mehr Menschen Sicherheit und Seelenfrieden in einer Kameradschaft finden, die sich nicht auf Menschen beschränkt. Sie schließen Freundschaft nicht nur mit den üblichen Lieblingstieren, wie Hunde, Pferde, Katzen und Vögel, sondern auch mit wilden Tieren, Schlangen und Insekten.

Überall werden sich Männer und Frauen immer mehr bewußt, daß etwas sehr Wesentliches für ihr Leben und Wohlbefinden schwach in ihnen flackert und vollkommen zu erlöschen droht. Dieses Wesentliche hat mit Werten wie Liebe... Selbstlosigkeit... Rechtschaffenheit... Lauterkeit... bestmögliche Loyalität... Ehrlichkeit... Begeisterungsfähigkeit... Bescheidenheit... Güte... Glück... zu tun. Praktisch jedes Tier hat noch diese Werte in Überfluß und ist begierig, sie mit anderen zu teilen, wenn ihm die Gelegenheit und Ermutigung dazu gegeben wird.

In diesem Zusammenhang ist es interessant, sich in Erinnerung zu rufen, daß die Menschen in gewissen alten Zeiten sich als große Lebenskünstler zeigten, besonders geschickt in dem empfindsamen Wissen der Beziehung zu allem, Tiere eingeschlossen. Diese Menschen erkannten die untrennbare Einheit des Schöpfers mit der Schöpfung. Sie waren fähig, sich mit dem allumfassenden Sein, der Urkraft und dem Sinn in Einklang zu bringen, was immerwährend sich in allen Dingen und durch alle Dinge bewegt. Leben war für die Menschen der alten Zeit eine alles einschließende Gemeinschaft der Schöpfung; da war nichts bedeutungslos, nichts war unwichtig, und nichts konnte ausgeschlossen werden.

Sie weigerten sich, Schranken zu errichten zwischen Mineral und Pflanze, zwischen Pflanze und Mensch oder zwischen Mensch und dem großen Ursächlichen, das alles beseelt und beherrscht. Jedes lebende Wesen wurde als Teilhaber eines allumfassenden Unternehmens gesehen. Jeder hatte seinen persönlichen Beitrag zum allgemeinen Wohl zu leisten, den er – und nur er allein – erbringen konnte. Jedes lebte für alles übrige, zu jeder Zeit und unter allen Umständen.

Dies waren die Tage, als „die ganze Erde nur eine Sprache und eine Ausdrucksform hatte… alles war klangvolle Harmonie". Menschen, Tiere, Schlangen. Vögel, Insekten – alle hatten sie eine gemeinsame Sprache. Mittels dieser Sprache waren sie alle fähig, ihre Gedanken und Gefühle bezüglich gemeinsamer Interessen frei zu äußern. Mit einer von Gott geschenkten Weisheit konnten sie untereinander vernünftig für gemeinsames Wohl, gemeinsames Glück und gemeinsame Freude reden. Dies war offensichtlich ein einfacher und natürlicher Teils des täglichen Lebens; es brauchte ebensowenig erklärt zu werden wie atmen. Man darf daher dieses alte Beziehungsphänomen dahingehend betrachten, daß tatsächlich zu einer Zeit auf Erden jedes lebende Wesen fähig war, mit allem anderen in einer vernunftbegabten Beziehung zu stehen. Menschen und Tiere lebten nicht nur in voller Harmonie miteinander, sondern auch mit dem kosmischen Plan.

Können wir „moderne Menschen" diese anscheinend

universelle Sprache wiedererlangen? Können wir mit ihrer Hilfe lernen, in echter, guter Kameradschaft nicht nur mit unseren eigenen Artgenossen, sondern auch mit anderen Geschöpfen zu leben? Ich glaube, wir können es. Diesen Glauben zu stützen, habe ich auf den folgenden Seiten die wahren Geschichten über einige nicht herkömmliche Beziehungen mit Tieren, Reptilien, Insekten und sogar Bakterien niedergeschrieben. Keines dieser Abenteuer war geplant oder so erwartet. Sie kamen zutage als Teil der gnadenvollen Enthüllung des Lebens selbst. Ich beginne mit der Geschichte des lange Zeit berühmten Hundefilmstars Strongheart.

Beim Lesen dieser Geschichten werden Sie sehen, daß – wenn immer ich genügend bescheiden und bereitwillig war, außerhalb meines menschlichen Seins, einem Lehrer zu folgen – die verschiedenen vierbeinigen, sechsbeinigen und fußlosen Gefährten mit mir unbezahlbare Weisheit teilten. Sie lehrten mich, daß vollkommenes Verständnis und vollkommene Zusammenarbeit zwischen der menschlichen und allen anderen Lebensformen nie versagt, wenn immer der Mensch den von ihm verlangten Anteil einbringt.

Diese Erkenntnis hat mein Leben so bereichert und vertieft, hat mir so faszinierende neue Gebiete eröffnet, die zu Entdeckungen einladen und Freunde bringen, so daß ich mich verpflichtet fühle, zumindest einen Teil davon mit anderen zu teilen.

Hollywood, California — J. Allen Boone

1

# Ein vierbeiniger Meteor

In der bunten Welt der Unterhaltungsbranche haben nur wenige den sagenhaften deutschen Schäferhund Strongheart übertroffen. Wie ein Meteor tauchte er plötzlich auf und lenkte die Aufmerksamkeit der Öffentlichkeit auf sich. Er wurde Hollywoods hochrangiger Filmstar und größter Kassenschlager. Mehr als drei Jahre war er der am meisten bewunderte und geliebte Leinwandheld. Dann verschwand er mit dem Schwung eines Meteors von der irdischen Szene und aus dem Gesichtsfeld der Menschen, Millionen von Männern, Frauen und Kindern in allen Teilen der Welt als Bewunderer hinter sich lassend.

Wenn Sie zu den Glücklichen gehören, die Strongheart in einigen seiner Filme gesehen haben, ruft nur die Erwähnung seines Namens sicherlich liebevolle Erinnerungen wach. Sie erinnern sich an einen großen, prächtig gebauten Hund, der fast unglaubliche Dinge mit einer Intelligenz und Leichtigkeit vollbrachte, die jeglicher Erklärung spotten. Wenn Sie ihn niemals im Kino gesehen haben, ist er doch wert, von ihm zu wissen wegen all dessen, woran er teilhat über Zeit, Raum und selbst über den Tod hinaus.

Strongheart kam nach Hollywood einer Idee von zwei sehr bekannten Persönlichkeiten aus der Unterhaltungsbranche zufolge: Jane Murfin, eine hervorragende Drehbuchautorin für Bühne und Film, und Larry Trimble, Produzent und Regisseur. Larry war ganz in seinem Element, wenn es darum ging, wilde Tiere und Haustiere zu verstehen und sie dazu zu bringen, für ihn vor der Filmkamera zu arbeiten. Jane und Larry hatten die Idee, auf der ganzen Welt nach einem ungewöhnlichen Hund zu suchen, ihn nach Hollywood zu bringen und ihn in einer Serie von besonders dramatischen Filmen zum Star zu machen. In Filmen waren Hunde bereits zuvor als Statisten eingesetzt worden, aber dies war das erste Mal, daß ein Hund die Hauptrolle in einer großen Produktion mit einer großangelegten Werbekampagne erhalten sollte.

Der Hund, für den sie sich schließlich wegen seines Aussehens, seiner Größe,' seiner Herkunft und seinen Erfolgen entschieden, war Strongheart, dessen deutscher Abstammungsname »Etzel von Oerengen« war. Strongheart entstammte einer langen Reihe von sorgfältig gezüchteten, besonders leistungsfähigen, preisgekrönten Schäferhunden, von denen alle Preise gewonnen hatten, nicht nur wegen ihres schönen Aussehens, sondern auch wegen ihrer Eignung zu Arbeits-, Polizei- und Kriegshunden. Stronghearts Vater war der internationale Champion »Nores«, und der einzige Hund, der ihn im offenen Wettkampf schlagen konnte, war Strongheart.

Strongheart war der Traum eines jeden Hundeliebhabers, denn er besaß all die Eigenschaften in Vollendung, die ein Hund seiner Art haben sollte. Er war kräftig gebaut, ungewöhnlich begabt und vollkommen furchtlos. Sein Gewicht schwankte zwischen 115 und 125 Pfund, doch er bewegte sich mit erstaunlicher Geschwindigkeit und Behendigkeit. Diese Fähigkeiten waren auch notwendig für Leistungen bei Kriegs- und Polizeiarbeit.

Und so kam dieser große deutsche Schäferhund nach Hollywood, um sein Glück beim Film zu versuchen, ein berühmter Sieger in seinem eigenen Land, aber auf dieser

Seite des Atlantiks praktisch unbekannt, außer bei den relativ wenigen, die sich aus beruflichen Gründen für Hundevorführungen in der ganzen Welt interessierten. Strongheart durchquerte die Vereinigten Staaten von New York nach Los Angeles wie jeder andere Hund im Gepäckwagen. Als er ankam, waren weder Reporter noch Kameraleute da, um ihn zu begrüßen. Ohne besondere Umstände wurde er aus dem Gepäckwagen geholt, in ein ganz normales Auto gesetzt und in ein Studio in Hollywood gebracht, wo man Probeaufnahmen mit ihm machte. Keiner der Mitarbeiter der Filmstudios wußte, daß er kam, und es wäre für sie auch von wenig Interesse gewesen; Hunde fürs Filmen waren zu dieser Zeit spottbillig.

Etwas über ein Jahr später wurde Strongheart wieder in einen Zug gesetzt, aber dieses Mal mußte er nicht im Gepäckwagen reisen. Statt dessen wurde er mit allen erdenklichen Ehren durch Mengen entzückter Bewunderer geleitet und in ein besonderes Abteil im schönsten Zug von Los Angeles gesetzt; er wurde von einem Manager, einem Betreuer, einem Presseagenten und einem Vertreter der Eisenbahngesellschaft begleitet, die dafür sorgten, daß er das Beste vom Besten bekam. Auf Bitten seiner Verehrer aus ganz Amerika machte Strongheart eine Tournee durchs Land. Von Küste zu Küste verkündeten Zeitungen, Zeitschriften, Radio und Lichtreklamen der Welt, daß ein sensationeller neuer Star am Filmhimmel aufgetaucht war, und zwar ein Hund namens Strongheart. Bei dem Halt des Zuges waren Menschenmengen versammelt, um der neuen Berühmtheit zuzujubeln, und in den Städten, in denen er eine Vorstellung gab, hießen ihn die Ehrenbürger offiziell willkommen; sie hingen »einen

Schlüssel der Stadt« um seinen Hals und begleiteten ihn zum besten Hotel, wo die besten Räume für ihn und sein Gefolge bereitstanden.

Diese Welle der Zuneigung war das Ergebnis eines Films, zu dem Jane Murfin das Drehbuch geschrieben und Larry Trimble die Regie geführt hatte; er trug den Titel »The Silent Call«, und Strongheart spielte die Hauptrolle und wurde von einer Reihe bekannter Hollywoodschauspieler in Nebenrollen unterstützt. Die Neuartigkeit der Produktion, die gefühlvolle und dramatische Handlung, die bizarren Landschaftsaufnahmen und die unwiderstehliche Anziehungskraft des großen Hundes brachten dem Film einen rekordbrechenden Erfolg.

Der Erfolg von »The Silent Call« brachte die Hollywoodproduzenten in einen Zugzwang, Hundefilme zu machen. Andere deutsche Schäferhunde wurden aus Deutschland geholt, und man machte »sensationelle Hundeentdeckungen« hier im Land, und alle eilten sie als Staranwärter nach Hollywood. Doch der unvergleichliche Strongheart überragte sie alle in Aussehen, Charakter, Fertigkeiten und in seiner Wirkung auf das Publikum.

Auf »The Silent Call« folgten andere Filme, wie »Brawn of the North«, »The Love Master« und Jack Londons »White Fang«. Es waren Rollen, die von Jane Murfin genau auf ihn zugeschnitten waren, und in denen er zeigen konnte, wie wundervoll intelligent und fähig ein Hund sein kann, wenn man ihn versteht und in der richtigen Art und Weise mit ihm zusammenarbeitet. Mit jedem neuen Film kamen Tausende von neuen Bewunderern hinzu.

Sein Ruhm reichte in alle Teile der Welt, wo immer Filme gezeigt wurden, und Strongheart wurde die Attraktion der Welt, der glitzerndste aller Hollywoodsterne. Aber in seinem Herzen war er immer »ein richtiger Hund«, der keinen größeren Ehrgeiz hatte, als ganz einfach zu Diensten zu sein und sich ganz zu verschenken.

## 2

# Ein Kamerad für alle Lebenslagen

Auf der Höhe seines Ruhms gab es eine Unterbrechung im vollen Terminkalender Stronghearts; Larry Trimble und seine Assistenten mußten vorübergehend Kalifornien verlassen und Strongheart sollte zu Jane Murfin, doch diese wiederum wurde nach New York zur Fertigstellung eines neuen Bühnenstücks gerufen. Daraus ergab sich ein großes Problem: Was sollten sie mit ihrem wertvollen, vierbeinigen Besitz machen, während sie weg waren. Strongheart brauchte eine Art »Mann für alles«, jemand, der ständig als Begleiter, Betreuer, Koch, Fahrer, Sekretär und Zuhörer bei ihm war. Diese Ehre wurde mir zuteil. In Anbetracht der Tatsache, daß ich praktisch nichts über Hunde wußte und fast keine Erfahrung mit ihnen hatte, überraschte mich dieses Angebot genauso wie offensichtlich auch Strongheart. Aber Jane Murfin und Larry Trimble waren alte, verständnisvolle Freunde; dies war ein Notfall, und ich hatte eine Menge Zeit zur Verfügung und einen starken Hang zu solch einem Abenteuer.

Meine erste Begegnung mit dem wirklichen Strongheart war für mich ein einmaliges Erlebnis. Ich hatte ihn in all seinen Filmen mit dem berufsmäßigen Auge eines Schriftstellers und Filmproduzenten beobachtet. Aber bis zu unserer ersten Begegnung hatte ich nicht erkannt, wie majestätisch, gebieterisch, ja sogar ehrfurchtgebietend er war. Ich hätte es ebensowenig gewagt, ihm einen Klaps auf den Kopf zu geben, wie ich dies beim Präsidenten der Vereinigten Staaten gewagt hätte.

Der Mann, der Strongheart zu unserem Treffpunkt brachte, sprach mit dem Hund so, als wäre er kein Tier, sondern ein intelligentes menschliches Wesen. Er erzählte Strongheart von der Notsituation, erklärte ihm, wer ich war, was ich beruflich tat und warum ich hier war. Er sagte ihm, daß er und ich bis auf weiteres zusammenleben würden und das Beste daraus machen sollten.

Strongheart hörte mit reger Aufmerksamkeit zu und machte den Eindruck, daß er alles verstünde, was man ihm sagte. Hie und da wandte er seinen Kopf in meine Richtung und ließ seine Augen von meinem Kopf bis zu den Füßen wandern, als ob er sich vergewissern wollte, ob der Bericht über mich mit seiner eigenen Einschätzung übereinstimmte. Dann überreichte man mir eine Liste mit Anweisungen, Strongheart bekam die Schlinge einer abgetragenen Leine um den Hals gelegt, das andere Ende bekam ich in die Hand. Das war das Ende der Zeremonie. Strongheart und ich machten uns auf den Weg zu dem kleinen Haus in den Hügeln von Hollywood, das ich mein Zuhause nannte. Während wir dahinspazierten, begann ich meine Anweisungen zu lesen. Darin wurde mir gesagt, mit was und wann ich ihn füttern sollte, wie er zu baden und zu bürsten sei und welche Art von Übungen jeden Tag mit ihm zu machen wären. Ich wurde angewiesen, ihn genauso wie einen intelligenten Menschen zu behandeln. Unter gar keinen Umständen durfte ich ihn anschreien, in der Babysprache mit ihm reden oder irgend etwas zu ihm sagen, das ich nicht auch mit meinem Herzen so meinte. Diese Anweisungen endeten mit der anscheinend ernstgemeinten Empfehlung, ihm jeden Tag etwas Anspruchsvolles vorzulesen.

Als wir das Haus erreichten, steckte ich den Schlüssel

ins Türschloß, doch bevor ich die nächste Bewegung machen konnte, stieß mich Strongheart zur Seite, legte seine starken Kinnladen um den Türknauf, drehte ihn, öffnete die Tür und marschierte hinein, als ob ihm das Haus gehörte. Ich folgte ihm lammfromm und fragte mich, was Seine Vierbeinige Hoheit als nächstes tun würde... Es beliebte ihn, als nächstes das ganze Haus zu besichtigen wie ein richtiger Polizeiinspektor, der sich vergewissern wollte, was gerade hier vor sich ging. Er untersuchte sorgfältig jedes Zimmer, jedes Fenster, jeden Eingang und jedes Möbelstück. Er öffnete Schranktüren, stieg zur Hälfte hinein, um sich dort umzusehen, zu schnüffeln, stieg wieder heraus und schloß die Tür hinter sich.

Eine Weile blieb ich ganz einfach in der Haustür stehen. Nicht ein einziges Mal schenkte er mir nur die geringste Aufmerksamkeit, und ich hatte nicht die leiseste Ahnung, was ich in dieser Situation tun oder lassen sollte. Ich hatte angenommen, daß ein Hund seiner Herkunft, Erziehung und Erfahrung darauf warten würde, daß »sein Herr« ihm sagen würde, was zu tun sei und wann. Ich hatte keine Ahnung, daß er die Dinge so handhaben würde, wie es ihm gefiel. Wie sollten er und ich auf der Basis, die er gerade zu schaffen schien, miteinander auskommen?

Strongheart beendete schließlich die Durchsuchung des Hauses. Dann marschierte er mit seinem militärischen Schritt dorthin, wo ich stand, leckte kurz über meinen Handrücken und ging dann dazu über, das Grundstück um das Haus zu besichtigen. Ich verstand das Lecken meiner Hand so, daß er das Haus und die Einrichtung zufriedenstellend gefunden hatte, zumindest für den Augenblick. Aber ich wußte nicht, wie er mich nun in dieser neuen Situation sah und wie ich es nun anstellen sollte, für ihn »zu sorgen«. Aber während ich die Antworten auf diese Fragen noch nicht wußte, fühlte ich unbewußt, daß er sie wahrscheinlich kannte und irgendwie fähig sein würde, mir dies mitzuteilen.

Zum ersten Mal begriff ich, wie dumm ein Mensch in der Gegenwart eines intelligenten Tieres sein kann.

## 3

# Wir machen uns bekannt

Als es Schlafenszeit wurde, erhob sich die Frage, wo Stronghearts Lager sein sollte. Was er bei Tage tun sollte, war in den Anweisungen genauestens aufgeführt, aber niemand hatte mir gesagt, wo er gewöhnt war zu schlafen. Es schien mir, daß er in der Welt der Unterhaltung und des Films eine zu wichtige Persönlichkeit war, um ihn auf dem Fußboden auf einer alten Decke schlafen zu lassen. Aber entweder mußte er auf dem Fußboden oder mit mir im Bett schlafen. Nach gründlichem Nachdenken entschied ich mich, das Bett mit ihm zu teilen.

Nachdem ich meinen Pyjama angezogen hatte, kroch ich zum hinteren Ende des Bettes und überließ den anderen Teil Strongheart; von hier aus hatte er die beste Aussicht, und es war die Seite, auf der man normalerweise hinein- und herausgeht. Strongheart beobachtete aufmerksam jede meiner Bewegungen. Offensichtlich hatte er ein solches Arrangement erwartet, denn er sprang sofort auf das Bett, wobei er im gedämpften Licht des Zimmers wie in Pferdegröße über mir aufragte. Einige Sekunden lang starrte er zu mir herunter, und dann begann er, sich in einem kleinen Kreis zu drehen, so als ob er unsichtbares Gras niedertreten würde, um sich eine passende Ruhestatt zu schaffen.

Als das unsichtbare Gras, oder was immer es sein sollte, zu seiner Zufriedenheit niedergetreten war, legte er sich hin. Aber irgend etwas stimmte noch nicht, denn er stand wieder auf und drehte wieder Kreise auf dem Bett, diesmal in der entgegengesetzten Richtung. Schließlich zufrieden legte er sich wieder hin, stieß einen lauten Seufzer aus und wurde ganz ruhig. Da ich dies für ein Zeichen hielt, daß er so die ganze Nacht liegenbleiben würde, schaltete ich das Licht aus und stieß meinerseits einen lauten Seufzer aus. Das Abenteuer dieses Tages war vorbei – so dachte ich.

Gegen Mitternacht, als unsere Nachbarschaft so ruhig war, wie alle ordentlichen Nachbarn zu dieser Stunde sein sollten, gab es unten auf der Straße laute Geräusche, als ob ein Auto Fehlzündungen hat. Aber Strongheart verstand dies offensichtlich als Gewehrfeuer, und er war darauf abgerichtet, entsprechend zu reagieren, wenn sich derartige Umstände ergaben. Daher sprang er los. Mit seinen ganzen 125 Pfund! Als er auf seiner Seite aus dem Bett sprang, schleuderte er mich von meiner Seite aus auf den Fußboden.

Ich ging wieder ins Bett, und einige Minuten später kehrte Strongheart aus dem Nebenzimmer zurück, nachdem er festgestellt hatte, daß es falscher Alarm war. Er sprang wieder aufs Bett, drehte wieder ein paar Kreise und ließ sich dann fallen, und zwar mit dem Hinterteil dorthin, wo der Kopf sein sollte, und mit seinem Kopf zum Fußteil des Bettes. Ich bat ihn, sich umzudrehen. Er tat dies auch, aber nur sehr widerwillig.

Ungefähr eine Stunde später ertönte draußen ein anderes Geräusch; wieder wurde Strongheart aktiv, und wieder landete ich auf dem Fußboden. Um mich dagegen zu schützen, und weil ich nicht wußte, was ich sonst tun sollte, rückte ich meine Seite des Bettes an die Wand. Als Strongheart von seinem zweiten falschen Alarm zurückkehrte, legte er sich wieder verkehrt ins Bett. Wiederum mußte ich ihn bitten, sich umzudrehen; auch diesmal tat er es, aber so, als ob es ihm überhaupt nicht behagte.

Im Morgengrauen gab es noch ein weiteres Geräusch vor dem Haus, und wiederum sprang Strongheart aus dem Bett, um festzustellen, was vor sich ging. Dieses Mal landete ich nicht auf dem Fußboden, er preßte mich nur gegen die Wand. Schließlich hatte ich das ganze Abenteuer satt, besonders als sich der Hund zum dritten Mal mit dem Kopf ans Fußteil des Bettes legte. Mochten ihn auch Millionen Menschen lieben, in diesem Augenblick ging er mir schrecklich auf die Nerven. Ich bedauerte, ihm jemals persönlich begegnet zu sein.

Mit ein wenig Getöse warf ich ihn aus dem Bett. Er sprang auf den Fußboden, drehte sich um und stand militärisch stramm. Ich setzte mich auf den Bettrand und schaute ihn an. »Hör mal, Strongheart«, sagte ich, »ich bin es leid, daß du mich dauernd aus dem Bett wirfst. Damit ist jetzt Schluß, verstehst du? Außerdem mußt du aufhören, ständig, entgegen meinem Wunsch, umgekehrt im Bett zu schlafen.«

Strongheart stand ruhig und würdevoll da und sah mir geradewegs in die Augen, wobei er einen rätselhaften Gesichtsausdruck hatte.

Ich fuhr fort: »Wir beide müssen miteinander auskommen, ob uns dies gefällt oder nicht. Offen gesagt, ich mag die Rolle, die ich dabei spiele, überhaupt nicht, aber wir sind nun einmal zusammen. Ich bin bereit, Zugeständnisse zu machen, wenn du aus dem Bett springen mußt, weil du verdächtige Geräusche hörst, denn schließlich bist du ja ein Polizeihund. Aber damit muß Schluß sein, daß du mit deinem Hinterteil dort schläfst, wo dein Kopf sein sollte!«

An dieser Stelle ging Strongheart plötzlich auf mich zu, packte einen meiner Pyjamaärmel mit seinen Zähnen und zog mich sanft, aber fest zum Fußende des Bettes. Kurz davor befanden sich einige ziemlich unsichere, alte französische Fenster, die von langen Vorhängen verdeckt waren. Strongheart packte ein Ende des Vorhangs mit seinen Zähnen, zog ihn zurück, hielt ihn ein paar Sekunden lang in dieser Stellung und ließ ihn dann wieder zurückfallen. Dann begann er zu bellen und wiegte seinen Kopf zwischen den französischen Fenstern und mir rhythmisch vor und zurück.

In vollendetem Englisch hätte er mir nicht deutlicher sagen können: Immer wenn er sich niederlegte, um sich für eine Weile zu entspannen oder des Nachts, um zu schlafen, er mit seinem Vorderteil – seinen Augen, seiner Nase, seinen Ohren und seiner Schnauze – in der Richtung liegen wollte, wo die Möglichkeit einer Gefahr drohte. So konnte er in Aktion treten, ohne Zeit damit zu verlieren, sich umdrehen zu müssen. Und diese alten französischen Fenster waren sicherlich eine mögliche Gefahrenquelle.

Strongheart war aus dem Bett gesprungen, um verdächtigen Geräuschen nachzugehen, und er hatte sich verkehrt ins Bett gelegt, nicht weil es ihm so gefiel, sondern um auf mich aufzupassen, wie er es gelernt hatte. Als mir dies klar wurde, wurde ich demütig wie noch nie zuvor. Wir schlossen einen Kompromiß, indem ich das Bett umdrehte, so daß wir beide mit unseren Köpfen in Richtung auf die verdächtigen alten französischen Fenster liegen konnten.

## 4

# Verwirrung

Strongheart gefiel diese Lösung so gut, daß er mein Gesicht ein paarmal abschleckte, einen tiefen Seufzer ausstieß, sich so entspannt hinlegte wie ein altes Hemd, das man in einen Wäschekorb geworfen hat, und ruhig einschlief.

Aber ich fand keinen Schlaf. Ich war hellwach vor lauter Staunen. Ich hatte mit Strongheart in meiner Sprache gesprochen, einer Sprache der Gedanken und Gefühle, die in menschliche Klangsymbole verschlüsselt sind. Er war tatsächlich in der Lage gewesen, das, was ich gesagt hatte, aufzunehmen und zu verstehen. Dann hatte er mir in seiner Sprache geantwortet, einer Sprache, die aus einfachen Tönen und Pantomime bestand, von der er offensichtlich das Gefühl hatte, daß ich ihr ohne große Schwierigkeiten folgen konnte. Strongheart hatte mich vollkommen verstanden und hatte es mir dann mit seiner wachen und eindringlichen Hundeweisheit ermöglicht, auch ihn zu verstehen.

Zum ersten Mal war ich mir tatsächlich bewußt, mit einem Tier in einer vernunftgemäßen Verbindung zu stehen. Mit der geduldigen Hilfe und Führung des Hundes waren wir in der Lage gewesen, uns unsere persönlichen Ansichten mitzuteilen, unsere Gesichtspunkte auszutauschen und so ein Problem zu lösen, das unsere Beziehung zu beeinträchtigen drohte. Seine angeborene Weisheit hatte meine intellektuelle Beweisführung in jedem Punkt geschlagen. Ich erkannte, wie wenig ich über die geistigen

Fähigkeiten eines Hundes wußte sowie über seine Möglichkeit, diese Begabung in einer praktischen Art auszudrücken.

Ich hatte das Privileg gehabt, ein Tier zu beobachten, das aus Eigeninitiative heraus handelt, habe seine Ausdrucksmöglichkeit des unabhängigen Denkens erlebt – die klare Argumentation – die gute Urteilsfähigkeit – Voraussicht – Weisheit – »gesunden Menschenverstand«. Ich war gelehrt worden, daß diese Qualitäten mehr oder weniger ausschließlich der menschlichen Rasse zugeschrieben werden, oder sogar nur den »gebildeten Mitgliedern« unserer Spezies. Und hier war ein Hund, der all dies in Fülle besaß.

Stunde um Stunde lag ich da und lauschte auf Stronghearts tiefen regelmäßigen Atem und versuchte, ihn zu enträtseln. Aber je mehr ich mich bemühte, um so verwirrender wurde er für mich. In der Morgendämmerung, während er friedlich schlief, tanzten immer noch Fragezeichen um mich, und ich dachte an all die vorherrschenden Ansichten hinsichtlich der Tiere im allgemeinen, und der Hunde im besonderen. Eines war klar: Sicherlich hütete ich etwas viel Großartigeres und Bedeutsameres als »nur einen Hund«, so wie ich gewöhnlich einen Hund bewerte. Ich erkannte, daß Strongheart nicht so sehr in bezug auf seinen Körper für mich wichtig war, sondern vielmehr seine viel größere und unsichtbare Verkörperung von Gedanken, Gefühlen und Charakterzügen.

Ich erkannte, daß ich zwei sehr wichtige Dinge herauszufinden hatte, wenn ich jemals würde fähig sein, mit diesem bewunderungswürdigen Hund eine vernunftgemäße Gemeinschaft aufzubauen. Als erstes mußte ich alles über Stronghearts geistiges Wesen herausfinden, und zweitens mußte ich entdecken, wie wir als individueller Ausdruck des Lebens mit einem hochintelligenten Universum verbunden sind.

Es wurde offensichtlich, daß »etwas«, das man ruhig mit einem großen »E« schreiben könnte, Strongheart und mich bereits in einer untrennbaren Gemeinschaft verbunden hatte, selbst, wenn er auf vier Beinen ging und ich nur auf zwei – und selbst wenn dieser Hund und ich nach der üblichen menschlichen Ansicht in so vielen verschiedenen Richtungen keine Beziehung zueinander zu haben schienen.

Aber wie, so fragte ich mich, kann man die Geheimnisse einer solchen Verbindung zwischen mir und einem Hund ergründen? Wen oder was sollte man hierbei zu Rate ziehen, um die richtigen Wege einzuschlagen? Oder ist es klüger, dies allein zu erforschen und nur seiner eigenen inneren Führung zu folgen?

5

# Wir leisten uns Gesellschaft

Es war leicht, sich als Gefährte für den berühmten Filmstar zu qualifizieren. Die Schwierigkeit lag bei Strongheart. Er war geheimnisvoll, zu selbständig, zu begabt, zu sehr eine „heilige Kuh" für jemand mit meinem beschränkten Wissen über Hunde. Für was ich mich mehr geeignet hielt, war eine gewöhnliche Hundeart, sagen wir einen Hund aus dem städtischen Tierheim, der nicht nur einen Freund brauchte, sondern jemand, der ihm das Schicksal unerwünschter Tiere ersparte.

Strongheart war das außergewöhnlichste Tier, dem ich jemals in irgendeinem Teil der Welt begegnet bin. Er war ausgesprochen scharfsinnig in seinen Denkprozessen, in der Art, wie er die Dinge für sich selbst entschlüsselte, zu Folgerungen daraus kam und diese dann ohne menschliche Hilfe in die Tat umsetzte. Eine solche Unabhängigkeit und Klugheit eines Hundes war schwer zu glauben, selbst während man ihn dabei beobachtetet.

Stronghaert besaß viele Spielsachen, die ihm aus aller Welt geschickt wurden, und er spielte sehr gern damit. Wenn er gerade in der Stimmung für einen solchen Spaß war, öffnete er den Schrank, in dem das Spielzeug aufbewahrt wurde, musterte es eine Weile, wählte dann eines aus, zog es mit den Zähnen heraus, schloß den Schrank, trug es in den Garten hinaus und spielte damit. Wenn er genug hatte, brachte er es zurück ins Haus, öffnete den Schrank, legte es genau dorthin, wo er es vorgefunden hatte, und schloß die Schranktür hinter sich.

Wenn er sah, daß ich irgendeine Arbeit begann – Bettenmachen, Putzen, Möbelrücken, Autowaschen oder Gartenarbeit – bestand er stets darauf, mir zu helfen, indem er seine Zähne anstatt von Händen benutzte und immer einen wirklichen Beitrag leistete.

Ich war dazu ermächtigt, die volle Verantwortung für Strongheart zu übernehmen und all seine privaten und öffentlichen Aktivitäten zu handhaben, aber schon wenige Minuten, nachdem wir beide allein gelassen worden waren, begann er, diese Anordnung umzukehren. Er übernahm die Verantwortung für mich, so als ob er der Mensch und ich der Hund wäre. Seine Ausbildung hatte natürlich die Arbeit bei der Polizei und beim Militär mit eingeschlossen, weshalb er es gewohnt war, Menschen und Gegenstände zu beaufsichtigen. Er gehörte nicht zu der Art Hunde, mit dem man über solche Dinge diskutierte, nicht bei seinem Körperbau und seiner Kampferfahrung. Er erkannte mich bereitwillig als seinen Verbündeten im Notfall an, wie er es gelernt hatte, aber gewöhnlich vermittelte er den Eindruck, daß er in Wirklichkeit die Führung hatte und jede Machtbefugnis, die ich vorgab zu besitzen, ein vorübergehendes Zugeständnis war.

Ich hatte es immer als mein Privileg und mein Recht betrachtet, ins Bett zu gehen, wann es mir gefiel, und aufzustehen, wann ich Lust dazu hatte, natürlich unter der Voraussetzung, daß ich damit nicht gegen meine Verpflichtungen handelte. Aber Strongheart billigte diese Gewohnheit nicht, wahrscheinlich wegen seiner strengen militärischen Ausbildung in Deutschland. Es war seine Gewohnheit, jeden Morgen um Punkt sechs Uhr aus dem Bett zu springen, voller Energie, Spontaneität und Begeisterung. Man brauchte ihn nicht hinauszulassen; er öffnete alle Türen selbst und ließ sich selbst hinaus. Zwischen dem Schlaf- und Wohnzimmer war eine alte Tür, die ihm hin und wieder widerstand. Dies betrachtete er als persönliche Beleidigung. Er knurrte gefährlich, packte den Türknauf mit seinem mächtigen Kiefer und warf seine 125 Pfund in die Anstrengung, die alte Tür aus den Angeln zu heben.

Innerhalb einer Stunde kam er zurück ins Schlafzimmer gerannt, aufgeladen mit frischer Luft, voller Kraft und freudiger Erregung; bellend gab er mir zu verstehen, daß es Zeit wäre aufzustehen und etwas zu tun, besonders in Hinblick auf sein Frühstück. Wenn das nichts brachte, zog er das Bettzeug vom Bett und schleppte es zur anderen Seite des Zimmers. Und wenn dies keinen Erfolg hatte, packte er mich an meinem Schlafanzug und zog daran, bis entweder ich oder ein Teil des Pyjamas mitgerissen wurde. Am Abend, wenn er entschieden hatte, daß ich nun lange genug aufgewesen war, begann er zu bellen und zog mich an den Kleidern, um mir zu sagen, daß es Zeit wäre, mich schlafen zu legen, egal was ich gerade tat. Wenn ich zufällig ein Buch in den Händen hielt, schnappte er es mir oft fort, rannte damit ins Nebenzimmer und ließ es aufs Bett fallen, um mir klarzumachen, daß ich dort hingehörte, bis ich weitere Befehle von ihm erhielt.

Wie fast alle Hunde und praktisch auch alle Kinder, die in ihrem natürlichen Wachstum und ihrer Persönlichkeitsentwicklung nicht behindert worden sind, war Strongheart ein Meister der Kunst, voll und ganz im Hier und Jetzt zu leben. Aus jeder Gelegenheit und jedem Umstand erzielte er einen Gewinn an Lebensfreude. Selbst wenn er zu schlafen schien, hielt dieser Zauber an; sein

Körper zitterte, zuckte, schnellte und sprang hoch, während er im Reich seiner eigenen Phantasie an allen möglichen Abenteuern teilnahm.

Strongheart war eindeutig der Überzeugung, daß das Leben dazu da ist, gelebt zu werden und es voll auszuschöpfen und daß die Welt kein Kampfplatz, sondern ein Spielplatz ist. Er begann mir zu zeigen, wie wir aus unserer Beziehung einen immerwährenden Festtag machen konnten. Einen Teil dieser Tage verbrachten wir zu Hause und den Rest in der freien Natur. Die Ferien im Haus ergaben sich aus den Pflichten, die sich nicht vermeiden ließen. Während ich dies erledigte, unterhielt sich Strongheart selbst. Er spürte, daß ich nicht gestört werden wollte, wenn ich an meinem Schreibtisch arbeitete, und er tat dies niemals absichtlich. Trotzdem sorgte er für ständige Unterbrechungen, da ich nicht widerstehen konnte, ihn und die interessanten Dinge zu beobachten, die er aus seiner eigenen Planung und Initiative heraus unternahm.

Während dieser Zeit, die wir zu Hause verbrachten, veranstaltete Strongheart seine Privatshows. Er war Produzent und Manager, Schauspieler, Show und Publikum in einer Person. Er war die ganze Inszenierung und ließ keinen langweiligen Augenblick zu. Wenn es dennoch langweilig wurde, hörte er auf und machte etwas anderes. Die einzigen anderen Lebewesen, mit denen er diese Zeit des Spielens teilte, waren Käfer. Sie faszinierten und entzückten ihn. Immer wenn er einen Käfer entdeckte, der über den Boden krabbelte, verfolgte er ihn mit größter Neugierde und Freundlichkeit, und versuchte herauszufinden, wo der kleine Kerl hinging und was er tun würde, wenn er dort angelangt war.

Die vielleicht unvergeßlichste dieser Shows war eine,

die er mit einem alten Schuh veranstaltete, den er bei einem unserer Spaziergänge gefunden hatte und den er besonders mochte. Er vollführte vierbeinige Tänze mit dem alten Schuh in einer Symbolik, die nur er allein zu deuten wußte; er spielte dramatische Szenen, bei denen der alte Schuh als Symbol für alles zu dienen schien, was er mochte oder nicht mochte. Und während er mit dem alten Schuh im Garten spielte und ihn niemand anderer als ich dabei beobachtete, gab er eine so großartige Vorstellung wie vor den Filmkameras oder den ihn bewundernden und ihm applaudierenden Zuschauern in einem Theater.

## 6

# Gedankenleser

Es folgte Tag auf Tag in unserem Wohnsitz in den Hügeln von Hollywood, weit entfernt von den Paradeplätzen der augenblicklichen Filmstars, den herumpirschenden Publicityjägern und dem unaufhörlichen Lärm der Publicitysirenen. Strongheart wurde für mich immer wundervoller und unbegreiflicher. Der Teil von ihm, mit dem ich schlief, aß, spazierenging und spielte, war verhältnismäßig leicht zu verstehen. Aber nicht seine andere Seite. Nicht der geheimnisvolle, unsichtbare Anteil seines Wesens, der so kraftvoll aus seinem körperlichen Äußeren herausfloß und ihn befähigte, so außergewöhnliche Dinge zu tun.

Dann eines Tages geschah etwas, was unserer Beziehung eine völlig neue Bedeutung und Richtung gab. Es war ein besonders schöner Frühlingsmorgen nach vielen Regentagen. Der Wind vom Pazifik brachte einen anregenden Salzgeruch, und aus der Wüste in der entgegengesetzten Richtung kam ein warmer Salbeiduft. Es war nicht gerade der Tag, am Schreibtisch sitzenzubleiben und auf der Schreibmaschine herumzuhacken. Noch war es ein Wetter, das man nur durch offene Türen und Fenster genießt.

»Soll ich ein Mann sein und diese Schreibarbeit beenden?« fragte ich mich. »Oder soll ich lieber ein Drückeberger sein, den ganzen Kram hinwerfen und den Rest des Tages und den Abend mit Strongheart in den Hügeln verbringen?«

Da gab es nicht viel zu überlegen, und ich beschloß, ein Drückeberger zu sein.

Ein paar Sekunden nachdem ich diese Entscheidung getroffen hatte, wurde die Hintertür heftig aufgestoßen und Strongheart rannte in höchster Aufregung herein. Er machte vor mir halt und leckte kurz meine Hand, raste ins Schlafzimmer und kam nach einer Sekunde mit dem alten Pulli wieder, den ich immer bei unseren Ausflügen trug. Dann rannte er wieder ins Schlafzimmer und kam mit meinen Bluejeans zurück. Dann mit einem meiner Wanderschuhe. Dann mit dem anderen. Und dann mit meinem irischen Spazierstock. Alles das legte er vorsichtig vor meine Füße. In fünf schnellen Gängen ins Schlafzimmer hatte er alle Sachen geholt, die ich für unseren Ausflug ins Hinterland brauchte. Dann sprang er hoch, drehte sich wie wild im Kreis und bellte aus vollster Kehle, womit er mir zu verstehen gab, daß wir sofort aufbrechen sollten, je eher desto besser.

Ich starrte ihn verblüfft an. Wie konnte der Hund wissen, daß ich meine Pläne geändert hatte und mit ihm einen Ausflug machen wollte? Zwischen uns hatte keinerlei Verständnis stattgefunden. Tatsache war, daß ich gar nicht genau gewußt hatte, wo er in den letzten Stunden gewesen war. In der vermeintlichen Privatsphäre meines Geistes hatte ich plötzlich meine Absicht geändert, und er war auf der Bildfläche erschienen und wußte bereits alles darüber.

Bis spät in die Nacht hinein wanderten Strongheart und ich in den Bergen, wobei er nach Abenteuern Ausschau hielt, während ich hinter ihm herlief, so verblüfft und verwirrt wie noch nie zuvor in meinem Leben. Als wir uns auf dem Rückweg wieder unserem Zuhause näherten, erkannte ich, daß Strongheart meine Gedanken in dieser Weise seit unserer ersten Begegnung gelesen hatte, aber daß ich nicht wach und weise genug gewesen war, es vorher zu bemerken. Ich rief mir alle Gelegenheiten zurück, wann Strongheart meine Absichten und meine Pläne gekannt haben mußte, bevor ich in der Lage gewesen war, sie in eine Handlung umzusetzen.

»Wie machte er das?« fragte ich mich immer wieder, als ich ihm den Weg hinunter folgte. »Ist diese Fähigkeit des Gedankenlesens etwas, das allen Hunden angeboren und naturgegeben ist, vielleicht allen Tieren, oder ist es eine Art spezieller Begabung, die nur ein Hund wie Strongheart besitzt und die jemand bei ihm geweckt hat?«

Ich zermarterte mir den Kopf, fand aber keine zufriedenstellenden Antworten, nichts als den unwiderlegbaren Beweis, daß dieser Hund sich auf meinen Geist einstimmen und meine innersten Gedanken mit einer Leichtigkeit und Genauigkeit lesen konnte, wann immer er wollte.

Ich begann, zahllose Bücher über Hunde zu lesen. Diese lieferten mir eine Menge Material über die Auswahl, Zucht, Pflege, Erziehung, Ausstellung und Verkauf eines Hundes, aber keines der Bücher brachte mich in irgendeiner Weise einer Erklärung näher, wie Strongheart in der Lage war, meine persönlichen Gedanken zu lesen. Hier und da begann ein Autor, sich in dieser allgemeinen Richtung vorzutasten, nur um wieder abzuschweifen und über Hunde als rein biologische Rasse mit bestimmten professionell vereinbarten Preisschilder-Werten zu schreiben.

All diese Bücher handelten von den physischen Eindrücken anstatt von den mentalen Ursachen, die hinter diesen standen. Was ich brauchte, war jemand, der mir den geistigen Wesensanteil eines Hundes erklärte, der mir etwas über das Unsichtbare und Geheimnisvolle – was auch immer dies ist – erzählt, das Hunde zu diesen wunderbaren Geschöpfen macht. Keiner der Autoren, die ich las, schien es für wichtig zu halten, sich dem zu nähern.

Dann begann ich, alle Arten von Hundeexperten zu befragen, Amateure und Profis, angefangen von Hundefängern bis hin zu international bekannten Preisrichtern. Alle von ihnen hatten viele Erfahrungen, bei denen Hunde ihre Gedanken so mühelos und genau gelesen hatten wie Strongheart die meinen. Alle von ihnen hatten Hunde gekauft, die fähig waren, Ereignisse vorauszusehen und vorauszuahnen, bevor diese eintraten. Aber keiner hatte genügend Interesse aufgebracht, um ein solch herausforderndes Phänomen gründlicher zu untersuchen. Immer wenn ich einen dieser Experten bat, mir zu erklären, was einen Hund dazu befähigte, menschliche Gedanken zu lesen – wozu alle Hunde fähig zu sein schienen – und tatsächlich unsichtbare Dinge zu sehen oder zu spüren, erklärte man mir ausführlich, daß es sich um einen »natürlichen Instinkt« handle, den fast alle Hunde in gewissem Maße besäßen.

Ich fragte ihn, was mit dem Begriff »natürlicher Instinkt« gemeint sei und wie er nicht nur bei einem Hund, sondern zwischen einem Hund und einem Menschen funktionierte. Daraufhin ergoß sich ein Wortschwall und eine Fülle technischer Begriffe über mich, und der Experte verschwand in einen berufsorientierten Nebel und ließ mich genau dort zurück, wo ich am Anfang gestanden war.

7

# Der Meisterdetektiv

Eines Tages kam ein vornehmer, charmanter Ausländer, um Strongheart und mir einen Besuch abzustatten. Er stellte sich als Autor vor, der von einem bekannten europäischen Verlag mit dem speziellen Auftrag nach Kalifornien geschickt worden war, eine Artikelreihe über Strongheart zu schreiben, die später in Buchform erscheinen sollte. Eine Weile setzte er mir mit sehr persönlichen Fragen über den großen Hund zu, ganz wie ein Staatsanwalt. Er fragte mich, wie Strongheart für die Filmaufnahmen vorbereitet worden war, wie man ihn vor den Kameras behandelt hatte und wie in gewissen Filmen bestimmte Effekte erzielt worden waren.

Als er erkannte, daß ich absolut nichts mit den Filmen oder der Ausbildung des Hundes zu tun hatte, während sein Besitzer, seine Produzenten und sein Regisseur verreist waren, verlor der Mann jegliches Interesse an mir und wurde ziemlich mürrisch. Diese plötzliche Veränderung seines Verhaltens war mir unverständlich. Um die Situation zu entspannen, schlug ich vor, daß er mich nach draußen begleiten sollte, wo ich ihm gern Strongheart vorstellen würde und er beobachten und aufschreiben könnte, was immer ihm gefiel.

Strongheart spazierte gerade gemächlich über die rückwärtige Wiese, als wir herauskamen. Als er uns sah, blieb er abrupt stehen, wobei eine seiner Vorderpfoten noch in der Luft schwebte, und begann, unseren Besuch mit einem Blick anzustarren, den ich noch nie zuvor bei ihm gesehen hatte. Seine Nackenhaare stellten sich auf. Dann griff er an. Der Mann an meiner Seite drehte sich um, um zurück zum Haus zu rennen, aber es war zu spät. Strongheart packte ihn an einem Knöchel, warf ihn zu Boden, packte einen seiner Arme und drehte ihn auf den Rücken. Er stand so über dem Mann, daß seine Fangzähne genau über dessen Kinn waren, und er fletschte sie so, als ob er ihm gleich an die Kehle gehen wollte. Ich war fast genauso erschrocken wie der Mann. Es war sein Glück, daß er bewegungslos liegenblieb.

Es gelang mir, Strongheart dazu zu bringen, von ihm abzulassen und den Mann zurück ins Haus zu bringen. Er war furchtbar erschrocken und sehr aufgebracht und verließ uns, indem er uns mit allen möglichen juristischen Maßnahmen sowie einer Menge schlechter Presseberichte drohte.

Ich war sehr ärgerlich auf Strongheart, weil er uns in ein solches Chaos gestürzt hatte und fragte mich, was ich tun sollte, um die Probleme, die auf uns zukamen, aus dem Weg zu räumen. Aber er nahm die ganze Angelegenheit so ruhig und gelassen hin, als ob nichts vorgefallen wäre, was unsere Harmonie gestört hätte. Ich fragte mich, ob es möglich war, daß Strongheart irgend etwas an den Motiven des Besuchers aufgespürt hatte, das diese Behandlung rechtfertigte.

Noch bevor der nächste Tag zur Neige ging, hatte ich einen vollständigen Bericht über unseren Besucher, der ihn bloßstellte. Er war kein Autor, er stand in keiner Verbindung mit einem Verlag, noch war er etwas von dem, was er zu sein vorgegeben hatte. Er war von Beruf Hundetrainer und hatte einen deutschen Schäferhund nach Hollywood gebracht, in der Hoffnung, ihn beim Film unterzubringen und ein Vermögen mit ihm zu machen. Ich erfuhr, daß er einen reichlich unklaren und unsicheren Vertrag in Aussicht hatte, vorausgesetzt, daß er das Geheimnis herausfinden könnte, wie Strongheart die bemerkenswerten Dinge vor der Kamera bewerkstelligte, so daß er ihn dann mit seinem eigenen Hund übertreffen könnte. Der Mann hatte mich mit seinem Aussehen und seinen Vorspiegelungen völlig getäuscht, aber keine Sekunde konnte er Strongheart etwas vormachen.

Bei einer anderen Gelegenheit waren Strongheart und ich in einem großen Bürohaus in Los Angeles, um einem befreundeten Rechtsanwalt Guten Tag zu sagen. Er war so erfreut, den berühmten Hund kennenzulernen, daß er ihn auch seinem Kollegen, der nebenan in einer Konferenz war, vorstellen wollte. Als wir eintraten, saß sein Partner an einem großen Schreibtisch zusammen mit zwei Männern. Alle drei sprangen sofort auf und starrten wie faszinierte Kinder auf Strongheart. Plötzlich und ohne die leiseste Vorwarnung begann Strongheart drohend zu bellen und stürzte auf den Mann auf der rechten Seite des Schreibtisches. Doch er erreichte ihn nicht ganz. Das Würgehalsband verhinderte es. In den nächsten paar Minuten herrschte große Aufregung im Raum, während die vier Männer, so schnell sie konnten, den Raum verließen. Sie hatten Strongheart wirklich in Aktion erlebt. Schließlich gelang es mir, den Hund aus dem Raum zu bringen, aber es kostete alle erdenkliche Mühe.

Als sich die Lage wieder beruhigt hatte, entschuldigte ich mich bei meinem Freund für die Störung, die wir verursacht hatten. Ich erzählte ihm, was ich über die Fähigkeit des Hundes, Gedanken zu lesen und die Motive der Menschen um ihn zu erspüren, herausgefunden hatte.

Der Rechtsanwalt, selbst ein Hundebesitzer und eine Art Philosoph, war außerordentlich interessiert. Ich schlug ihm vor, um zu überprüfen, was ich ihm gesagt hatte, alles über diesen Mann und seine Absichten herauszufinden. Dies geschah auch, und zum Erstaunen der beiden Rechtsanwälte ergab sich, daß der Mann in zwielichtige Geldgeschäfte im Land verwickelt war. Einige Zeit später wurde er angeklagt. Er hatte ein einnehmendes Wesen, verkehrte in den besten Kreisen und hatte jahrelang zahlreiche wohlhabende Leute hereingelegt und um Geld betrogen. Aber den Hund konnte er nicht täuschen.

Ich mußte nicht einmal in Reichweite von Stronghearts physikalischer Beobachtung sein, damit er meine Gedanken richtig lesen und alles über meine Pläne wissen konnte. Er konnte dies ebenso mühelos über Entfernungen hinweg wie wenn er an meiner Seite saß. Ein- oder zweimal die Woche aß ich zum Beispiel in einem Club in Los Angeles zu Mittag; er war mehr als zwölf Meilen von Strongheart und meinem Zuhause entfernt. Immer wenn ich das tat, blieb ein Freund bei ihm und kümmerte sich um den Hund. Es gab niemals einen bestimmten Zeitpunkt für meine Rückkehr, aber genau in dem Augenblick, wenn ich beschloß, den Club zu verlassen und nach Hause zu fahren, ließ Strongheart von allem, was er gerade machte, ab, begab sich zu seinem bevorzugten Beobachtungsplatz und wartete dort geduldig darauf, daß ich in die Straße einbog und den Berg hinauffuhr.

8

# Faulenzen

Praktisch alles, was sich zwischen mir und Strongheart an Verständigung abspielte, still oder auf andere Art, floß nur in eine Richtung: von mir zu ihm. Er schien niemals die geringste Schwierigkeit zu haben, meine unausgesprochenen Gedanken, Gefühle, Absichten und Pläne wahrzunehmen, aber ich konnte niemals erkunden, was er vorhatte, außer er teilte es mir durch Bellen oder die einfache Form der Körpersprache mit.

Tag für Tag und Nacht für Nacht studierte ich sorgfältig fast alles, was Strongheart tat. Ich gab ihm nur selten Befehle. Er besaß jede nur mögliche Freiheit. Er konnte wirklich er selbst sein und sich so zum Ausdruck bringen, wie es ihm gefiel.

Dann, ohne Vorwarnung, geschah wieder einmal eines dieser »seltsamen Dinge«. Strongheart und ich gaben uns gerade unserem beliebtesten Zeitvertreib hin. Wir hatten die Türen vor allen Besuchern verschlossen, das Telefon abgeschaltet und uns der fast vollständig vergessenen Kunst des Zeitvertrödelns, des Faulenzens und Nichtstuns entschlossen hingegeben. Strongheart war ein Meister dieser Kunst. Immer, wenn er etwas zu tun hatte, gab er sein Bestes, aber wenn ihn nichts besonders interessierte, ließ er alles los und faulenzte.

Strongheart und ich lagen auf dem Fußboden im Wohnzimmer und taten nichts. Er war ausgestreckt, und ich lag flach auf dem Rücken mit meinem Kopf auf seiner Seite. Das Wesentlichste, was mir durch den Kopf ging, war der nebelige Wunsch, jedermann möge sich so wohl fühlen und so zufrieden mit seinem Leben sein wie ich in diesem Augenblick. In kurzen Abständen stieß Strongheart einen tiefen Seufzer der Zufriedenheit aus und klopfte mit seinem Schwanz auf den Fußboden, ich sollte verstehen, daß auch mit ihm alles in bester Ordnung sei.

Mitten in diesem Faulenzen schien etwas in meinem Geist zu explodieren. Plötzlich wurde ich hellwach und setzte mich kerzengerade auf. Strongheart muß ein ähnliches Gefühl gespürt haben, denn er stand etwas ungelenk auf, blickte fragend in alle Richtungen, setzte sich dann wieder hin und starrte mich gespannt an. Er starrte und starrte und starrte. Alles, was mir in diesem Augenblick einfiel war zurückzustarren.

Ich vermutete, daß irgend etwas geistiger Natur, das mit unserer Beziehung zu tun hatte, gerade stattgefunden hatte, und Strongheart versuchte, mir dies in seiner wortlosen Art zu übermitteln. Ich machte mich innerlich so aufmerksam und aufnahmebereit wie möglich. Für einen Augenblick schien nichts zu geschehen. Dann erhielt ich einen nicht besonders klaren geistigen Eindruck von diesem Geschehen: Wenn ich wirklich etwas über das Geheimnis dieses großen Hundes erfahren wollte, mußte ich damit aufhören, ihn nur auf seinen Körper zu begrenzen, und anfangen, ihn von einem weiteren Blickfeld aus zu betrachten.

Strongheart stand auf, schüttelte sich kräftig, ging einmal durch den ganzen Raum, kam wieder zurück und streckte sich auf dem Fußboden aus; er machte damit sonnenklar, daß sein Anteil an diesen Vorgängen beendet war. Er wandte sich wieder dem Nichtstun zu, und das Klopfen seines Schwanzes zeigte an, daß er dachte, ich sollte dasselbe tun.

Aber ich war fertig mit dem Herumtrödeln. Ich stand unmittelbar vor einer ernsthaften Aufgabe. Ich fühlte, daß ich die zunehmend verwirrenden Drehungen und Wendungen, die unser Abenteuer nahm, enträtseln *mußte*.

Ich wußte, daß jeder von uns beiden ein individueller Ausdruck des Lebens und der Intelligenz war. Wenn das richtig war, so versicherte ich mir selbst, dann *mußte* irgendwo ein Kontaktpunkt sein, wo er und ich uns in vollkommenem Verständnis begegnen konnten. Aber wie, so fragte ich mich, sollte diese Mensch-Hund-Beziehung gelingen? Wie sollte ich etwas über seine unsichtbare Individualität herausfinden, die hinter seiner körperlichen Erscheinung wirkte. Wer konnte mir helfen?

Plötzlich schoß mir der Gedanke durch den Kopf, daß ich vollkommen vergessen hatte, Kontakt mit dem einzigen Mann aufzunehmen, er mir wirklich dabei helfen konnte, das Rätsel Strongheart zu lösen. Aber konnte ich diesen Mann finden? Und wenn ich ihn gefunden hatte, konnte ich ihn dann dazu bringen, mir zu helfen? In der Morgendämmerung des nächsten Tages befand ich mich auf dem Weg zur Mojave-Wüste.

9

# Wüstenratte

Er ist als eine Wüstenratte bekannt. Der einzige Name, den er seit vielen Jahren hat, ist Mojave Dan, aber das ist auch alles, was er jemals braucht. Er liebt die Wüste, und sie enthüllt ihm ständig ihre tiefsten Geheimnisse. Seine »Familie« besteht aus einer Sammlung von Hunden und Eseln. Oftmals werden wilde Tiere vorübergehende Angehörige dieser Gruppe. Dan hat praktisch keinen sozialen oder wirtschaftlichen Status, aber er ist reich an der Art von Dingen, die ihm niemals genommen werden können, jetzt oder in der Ewigkeit.

Er ist einer der freiesten Menschen, die ich jemals gekannt habe. Er hat keine Verpflichtungen, keine Verantwortung, keine Sorgen und Ängste. Wenn er Vorräte für seine »Familie« und sich selbst braucht, weiß er, wo er genug Gold waschen kann, um diese Vorräte zu bezahlen. Er nimmt niemals mehr Gold aus der Erde, wie für seine bescheidenen Ansprüche notwendig ist. Er geht, wohin es ihm gefällt, wann es ihm gefällt, und er tut, was ihm gefällt in der Art und Weise, daß es ihm gefällt.

Wegen seiner unvorhersagbaren Wandergewohnheiten ist es oftmals schwierig, Dan zu finden. Die Wüste, in der er lebt, hat eine enorme Ausdehnung, und er kann in jedem Teil dieses Gebietes sein. Ich wünschte sehr, ihn zu treffen, da er bis zu diesem Zeitpunkt der einzige Mensch war, den ich persönlich kennengelernt hatte, der eine wortlose Unterhaltung mit Tieren führen und wirklich Gedanken mit ihnen austauschen kann. Dan liest niemals

Bücher, Zeitschriften oder Zeitungen, hört niemals Radio, sieht niemals fern und stellt nur selten anderen Menschen Fragen, dennoch ist er über praktisch alles, was ihn interessiert, erstaunlich gut informiert, ob nah oder fern. Diese Informationen stammen von seinen Hunden und Eseln, von wilden Tieren, Schlangen, Insekten, Vögeln, tatsächlich von fast allem, was seinen Weg kreuzt. Das wahre Geheimnis bestand nicht so sehr in Dans Fähigkeit, dem Tier seine Gedanken mitzuteilen, sondern darin, zu verstehen, wenn das Tier zu ihm sprach.

Bei einigen Gelegenheiten hatte ich versucht, Dan dazu zu bringen, mir zu sagen, wie er eine so praktische Verständigung mit nichtmenschlichen Lebensformen bewerkstelligt, aber er wollte nie antworten. Auch keiner seiner Freunde konnte ihm das Geheimnis entlocken. Seine Antwort auf diese Fragen lautete, daß diese Dinge zu intim waren, um darüber zu sprechen, und man sie nur durch persönliche Anstrengung und aufrichtige Demut erlangen könne.

Ich nahm Strongheart nicht mit auf diesen Ausflug, so sehr ich mir auch wünschte, daß er und Dan sich kennenlernten. Die Wüste war um diese Jahreszeit viel zu heiß für den großen Hund. Nur sehr widerwillig ließ ich ihn zu Hause, was er absolut nicht guthieß.

Als ich in der kleinen Wüstenstadt ankam, wo Dan gelegentlich Vorräte einkaufte, stellte ich fest, daß ich Glück hatte. Er war früh am Tag hier gewesen, und ich konnte mir gut denken, wo in der Wüste er die Nacht verbringen würde. Einige Stunden später saßen Dan und ich gemeinsam beim Abendessen, umgeben von seinen Hunden und Eseln, seinem alten Zelt und einem Lagerfeuer in der Wüste. Nachdem das Geschirr abgewaschen und aufgeräumt war, lagen Dan und ich auf dem Rücken und unterhielten uns mit den Sternen; in dieser klaren Atmosphäre schienen sie sehr nahe. Während der Zubereitung der Mahlzeit oder beim Essen hatten Dan und ich nur wenig miteinander gesprochen. Dan redete auch mit seinen Freunden nur so wenig wie möglich. Er glaubt, daß unnötiges Reden nicht nur Energie verschwendet, sondern die Atmosphäre verunreinigt. Er befolgt streng das alte Gesetz der Wüste, daß du lieber deinen Mund halten solltest, wenn du nicht die Stille der Wüste verbessern kannst.

Aber ich war der Meinung, daß bei dieser Gelegenheit ein gewisses Maß an Sprechen entschuldigt werden könnte. Ich hatte ein wichtiges Problem in bezug auf die Beziehung zwischen Menschen und Tieren und war weit hergekommen, um Dans Rat einzuholen. Ich erzählte ihm, wie Strongheart und ich zusammengekommen waren. Ich berichtete ihm von der Schwierigkeit, die Wahrheit über den großen Hund zu erfassen, und ich fragte ihn, was ich seiner Meinung nach als nächstes tun sollte.

Dan zeigte überhaupt keine Reaktion. Es gab nur die Stille der Wüste, eine so intensive Stille, daß sie meine an den Großstadtlärm gewöhnten Ohren ziemlich störte. Geduldig wartete ich... und wartete... und wartete. Aber mein Freund gab keinen Laut von sich oder machte nur die geringste Bewegung. Es schien nur zwei Möglichkeiten zu geben: Entweder interessierte ihn nicht, was ich gesagt hatte, oder er war eingeschlafen.

Es verstrich noch viel mehr Zeit. Schließlich gähnte Dan und streckte sich. Dann fing er an zu sprechen, indem er seine Worte an die Sterne richtete. »Es gibt Tatsachen in bezug auf Hunde«, sagte er, »und Meinungen. Die

Hunde haben die Tatsachen und die Menschen die Meinungen. Wenn du Tatsachen über einen Hund herausfinden möchtest, hole sie dir immer direkt von dem Hund. Wenn du Meinungen hören willst, hole sie dir von den Menschen.«

Ein wahrer Experte auf dem Gebiet der Mensch-Tier-Beziehung hatte gesprochen. Nachdem er dies getan hatte, rollte er sich zur Seite und diesmal schlief er wirklich ein. Mit diesen wenigen Worten hatte Dan mir genau die Hilfe gegeben, die ich brauchte. Er hatte mir deutlich gezeigt, wo ich in meiner Situation mit Strongheart meinen grundlegenden Fehler begangen hatte. Ich hatte fast jede erdenkliche Autorität, die ich nur finden konnte, wegen Strongheart konsultiert, außer Strongheart selbst! Als die Sonne am nächsten Morgen am fernen Horizont der Wüste aufging, machte ich mich auf den Weg zurück nach Hollywood und zu Strongheart.

# 10
# Interview mit einem Hund

Nun machte ich mich daran, den Rat von Mojave Dan zu befolgen. Ich beabsichtigte, mir die Tatsachen über Strongheart direkt von ihm zu holen, anstatt mich auf die Meinungen der Menschen zu verlassen. Strongheart, so wußte ich, würde wenig Schwierigkeiten haben, den meisten Dingen, die ich sagte, zu folgen. Aber wie sollte ich es anstellen, zu lernen, ihn zu verstehen? Für unser erstes Experiment hieß ich Strongheart, sich mit mir auf den Boden des Wohnzimmers zu setzen, so daß wir uns in die Augen und, so hoffte ich, in unseren Geist und unsere Herzen sehen konnten. Dann begann ich, mit ihm zu sprechen, so als ob er ein anderer und sehr intelligenter Mensch wäre. Ich erzählte ihm von meinem Ausflug in die Wüste, warum ich dorthin gefahren war und was Dan über den Umweg, Menschen nach ihren Meinungen zu fragen, und den direkten Weg, einen Hund nach den Tatsachen über einen Hund zu befragen, gesagt hatte.

»Und das ist der Grund, warum wir hier auf dem Boden sitzen«, fügte ich hinzu. »Ich befrage dich über dich selbst und über uns. Es gibt eine Menge Dinge über dich, die mich verblüffen, Fragen, die gelöst werden müssen, so daß ich dir ein besserer Gefährte sein kann. Ich habe alle möglichen Bücher gelesen und alle Arten sogenannter Autoritäten konsultiert, aber niemand war in der Lage, mir zu helfen, dich zu verstehen. In der Wüste erfuhr ich dann, daß du selbst die richtige Autorität bist, die ich um Rat fragen sollte. Du weißt alles über dich selbst. Ich würde es sehr schätzen, wenn du einige dieser Tatsachen zu unserem gegenseitigen Nutzen mit mir teilen würdest. Ich weiß nicht, wie du dies tun wirst; das wird ganz von dir abhängen.«

Strongheart saß da, als ob er für ein Standfoto für einen seiner Filme posiert. Er war hellwach, sein Kopf war ein wenig geneigt, seine Ohren gespitzt und in meine Richtung gestellt, und seine Augen verfolgten jede Bewegung meiner Lippen.

Ich stellte ihm eine Frage nach der anderen. Ich fragte nach Mensch-Tier-Beziehungen in allgemeinen. Ich stellte ihm viele Fragen über ihn selbst. Ich stellte jede dieser Fragen sehr langsam, machte dann eine Pause, oftmals einige Minuten lang, um irgendeine Antwort zu erhalten, aber es kam keine. Er tat überhaupt nichts, soweit ich in der Lage war, dies zu beobachten, außer dazusitzen, als ob er aus Stein wäre und mich mit einem Gesichtsausdruck anzustarren, den man als alles mögliche deuten konnte.

Schließlich gingen mir die Fragen aus. Ich wartete und wartete, aber Strongheart zeigte keine beobachtbare Reaktion. Hin und wieder blinzelte er mit den Augen und rümpfte ein wenig die Nase. Es herrschte tiefste Stille. Ich beschloß, sitzenzubleiben und den Hund anzustarren, selbst wenn es die ganze Nacht dauern würde. Schließlich gähnte Strongheart, stand auf, schüttelte sich, drehte sich um, marschierte in seinem militärischen Schritt ans Ende des Zimmers, öffnete die Tür und verschwand in der Nacht. Das Interview war beendet.

Es war entmutigend, aber es gab einen schwachen Hoffnungsschimmer. Gerade als Stronghearts Schwanz aus der Hintertür verschwand, hatte ich eine plötzliche, intuitive Eingebung, warum das Interview ein Mißerfolg gewesen war. Beinahe so, als ob es mir jemand eingeflüstert hätte, vertraute mir diese Eingebung an, daß Strongheart versucht hatte, mit mir zu kommunizieren, als wir auf dem Fußboden gesessen hatten, aber daß mir die Fähigkeit fehlte, zu verstehen, was er im stillen sagte. Daher mußte er unsere Zusammenkunft schließlich vertagen, bis ich besser darauf vorbereitet war, in eine vernunftsgemäße Verbindung mit einem Hund zu treten.

Es wurde mein größtes Streben, ein Mittel zur praktischen wechselseitigen Verständigung zwischen dem Hund und mir zu finden. Ich probierte jede erdenkliche Methode aus, egal wie phantastisch sie auch war. Meistens war mein Bemühen verwirrend und herausfordernd, so als ob man einen vermißten Gegenstand im dichten Nebel suchen würde. Es gelang mir nicht zu verstehen, wie der Hund eine so genaue Verbindung mit meinen Denkprozessen herstellen konnte, während ich sein Denken überhaupt nicht anzapfen konnte, außer in der groben und primitiven Art und Weise.

Fast 24 Stunden lang beobachtete ich Strongheart auf Schritt und Tritt und versuchte, den genauen geistigen Grund für jede seiner Bewegungen herauszufinden. Als Teil der Pflichten als »Kamerad für alle Lebenslagen« las ich Strongheart jeden Tag etwas vor. Natürlich konnte ich nicht verstehen, warum man einem Hund, selbst einem so edlen wie Strongheart, etwas vorlesen sollte oder für was das gut sein sollte. Ich vermutete sogar, daß es sich um einen Scherz handelte. Aber trotzdem nahm ich das Vorlesen in unser Tagesprogramm auf, teils weil ich die Anweisung dazu erhalten hatte und teils aus Neugierde, um festzustellen, was daraus werden würde, und zum Teil auch deswegen, weil es dem Abenteuer eine so schrullige Note verlieh.

Jeden Morgen saßen Strongheart und ich uns gegenüber, entweder auf dem Fußboden des Wohnzimmers oder irgendwo draußen im Garten, und ich teilte den Inhalt von Büchern, Zeitschriften und Zeitungen mit ihm, indem ich darauf achtete, daß er in Hinsicht auf die Wahl der Themen sowie auch den sprachlichen Ausdruck nur das Beste bekam. Er hörte immer mit höflicher Aufmerksamkeit zu, so als ob er alles, was ich sagte, verstand und genoß. Aber immer, wenn er seine Augen von meinen Lippen abwandte und gähnte, war dies ein Zeichen dafür, daß er sich langweilte. Dies war automatisch das Ende der Lesung.

Eines Morgens, nachdem ich aufgehört hatte, ihm einige ungewöhnlich schöne Gedichte vorzulesen und wir von unserem erhöhten, von Gras bewachsenem Aussichtspunkt aus in die Ferne blickten, verstand ich plötzlich, warum ich die Anweisung erhalten hatte, Strongheart jeden Tag etwas Anspruchsvolles vorzulesen. Je mehr ich Strongheart vorgelesen hatte, um so mehr hatte ich ihn geistig aus allen möglichen beschränkenden Hundebewertungen herausgehoben und das Leben mit ihm als einen intelligenten Gefährten in Einklang gebracht, einem Gefährten, der ebenso dazu berechtigt war, nur das Beste von allem zu erhalten, wie ich für mich selbst erhoffte. Während unsere gemeinsamen Tage voller Abenteuer und Lernerfahrungen verstrichen, machte ich eine weitere, interessante und inspirierende Entdeckung: Je mehr ich damit aufhörte, Strongheart wie »einen Hund« in der konventionellen Bedeutung des Begriffes zu behandeln, desto mehr hörte er auf, sich wie »ein Hund«

zu benehmen, zumindest was mich betraf. Und je mehr sich diese faszinierende Entwicklung vollzog, um so mehr wurden wir vernünftige Gefährten und um so mehr Grenzen stürzten ein, die unserer wahren Verbundenheit im Wege standen.

11

# Lehrplan

Eines Tages geriet ich in eine Art Sackgasse mit Strongheart, in der er wieder ein vollständiges Rätsel für mich wurde. Etwas blockierte eindeutig den Weg. Sehr zu meiner Verlegenheit fand ich schließlich heraus, was es war: *Ich!* Trotz all meiner guten Absichten hatte ich den üblichen Fehler des Egos gemacht, für uns beide denken und zu allen Schlußfolgerungen gelangen zu wollen. Auf diese Weise konnte es einfach nicht funktionieren, nicht einmal mit einem Hund.

Die einzige Lösung bestand darin, in der Befolgung des wertvollen Ratschlags, den Mojave Dan mir gegeben hatte, aufs Ganze zu gehen. Ich hatte das nur zum Teil getan. Insgesamt war ich zu sehr auf mich als selbsternannten Wissenden bezogen und nicht auf Strongheart und auf das, was er als intelligenter Ausdruck des Lebens hätte mit mir teilen können. Ohne mir bewußt zu sein, wie unfair ich gewesen war, hatte ich mich geistig in unserer Beziehung zu dem Höherstehenden ernannt, weil ich zufällig »ein Mensch« war und hatte ihm die niedrigere Rolle zugedacht, weil er »ein Hund« war.

Ich beschloß, eine vollständige Kehrtwendung zu machen. Ich würde alle Tier-Mensch-Traditionen und -Gebräuche über Bord werfen, die Gewohnheit, daß »der Mensch den Hund erzieht« umkehren und durch »der Hund erzieht den Menschen« ersetzen. Ich würde versuchen, allen Stolz auf mich selbst und die menschliche Rasse zur Seite zu stellen, allen intellektuellen Widerstand aufzugeben, so demütig und empfänglich zu werden, wie es mir nur möglich ist, und wirklich zuzulassen, daß der Hund mich erzieht. Damit würde ich sicherlich den Rat von Mojave Dan befolgen, mich direkt an einen Hund zu wenden, um ihn wirklich kennenzulernen.

Strongheart wurde »der Professor«, ich war »die gesamte Studentenschaft«, und jeder Ort, an dem wir uns gerade aufhielten, ob dies nun im Haus oder im Freien war, wurde zu unserem »Klassenzimmer«. So sah unser Lehrplan aus, solange Stronghearts physischer Körper sich auf der irdischen Ebene tummelte. Und so ist es auch jetzt noch. Strongheart ist immer noch mein Lehrer, und ich bin immer noch sein Schüler. Über den illusorischen Nebel der Zeit und selbst des Todes hinweg teilt er durch die Ewigkeit der Güte immer noch Dinge mit mir, die zu wissen und zu tun äußerst wichtig für mich sind.

Es war ein so unüblicher Lehrplan, der jenseits aller akademischen Billigung lag, daß er als tiefes Geheimnis gehütet werden mußte, bis die Ergebnisse es rechtfertigten, die Tatsachen mitzuteilen. Ich wußte, wie starr die meisten Menschen an ihren Meinungen festhalten, die mit Erziehung zu tun haben, wenn es um die Bestimmung dessen geht, was ein Lebewesen befähigt, »Wissen, Fachkenntnis und Disziplin zu vermitteln«. Ich konnte mir gut vorstellen, was geschehen würde, wenn man ein Tier ernsthaft als gutgerüsteten Lehrer für Menschen empfehlen würde.

Das einzige Material, das Professor Strongheart und ich in unserem Bildungssystem benutzten, war ein Buch für Synonyme, ein Lexikon, ein Notizbuch und ein Bleistift. Das war natürlich für mich gedacht. Mein Lehrer und Trainer brauchte nur sich selbst, ein wenig Ermutigung für mich, meine ungeteilte Aufmerksamkeit und genügend Raum zum Arbeiten. Meine Studienzeit war praktisch immer. Solange ich Strongheart beobachten konnte, war ich in der Schule, und er gab mir Unterricht.

Unser Lehrplan war flexibel, unvorhersagbar, praktisch – und voller Spaß. Es war keineswegs ein leichter Unterricht. Ich hatte eine Menge falscher Vorstellungen über Hunde und andere Tiere; diese Überzeugungen mußten ausgeräumt werden, um Raum für neue Tatsachen zu schaffen. Es erforderte Disziplin... ein Gefühl des Staunens und der Anerkennung... innere und äußere Beweglichkeit... unbegrenzte Erwartung... und eine Bereitschaft, den Tatsachen zu folgen, wo auch immer sie hinführten.

Alles, was Strongheart als Lehrer zu tun hatte, war, er selbst zu sein. Mein Teil bestand darin, alles, was er tat, sorgfältig zu beobachten, und in ihm auch Charaktereigenschaften zu suchen. Mein Buch der Synonyme half mir, Namen für die Eigenschaften zu finden, und das Lexikon lieferte mir eine genaue Bedeutung der Qualitäten. Dann schrieb ich diese Qualitäten in mein Notizbuch und studierte, wie er sie in sein Leben von Augenblick zu Augenblick einbrachte.

Ich suchte nicht nur nach »guten Hunde-Eigenschaften« wie Preisrichter auf Hundeausstellungen. Ich suchte nach den umfassend besten Qualitäten, ungeachtet der Gleichsetzung mit der biologischen Art, nach Qualitäten von bleibendem Wert, wie wir Menschen sie immer achten, wenn wir sie bei unseren Mitmenschen finden. Sogar nach Art von Qualitäten, die alle großen spirituellen Lehrer der Welt übereinstimmend für wesentlich halten für ein Leben in höherem Bewußtsein.

Ich entdeckte Hunderte von diesen großartigen Eigenschaften bei Strongheart. Diese entsprangen tief aus einem Inneren, rein und leuchtend. Er verschenkte sie so natürlich und unwiderstehlich wie eine Blume ihren Duft, ein Vogel seinen Gesang und ein Kind sein Lachen.

Unser Lehrplan fand und findet immer noch absolut keine akademische Billigung. Dennoch möchte ich ihn Ihnen empfehlen, besonders wenn Ihre Beziehungen, sei dies mit Menschen oder Tieren, beschränkt, flach, bedeutungslos oder unergiebig geworden sind. Sollten Sie sich dazu entschließen, einen Versuch zu machen, entweder mit Ihrem eigenen Hund oder einem anderen Tier, können Sie sicher sein, daß die Ergebnisse Sie reich belohnen werden.

Es ist nicht notwendig, einen so vollendeten und berühmten Hund wie Strongheart zu haben, damit dieser unorthodoxe Lehrplan erfolgreich ist. Ein besonderer Zuchthund ist dazu nicht erforderlich, noch ein geschulter Hund. Jeder normale Hund tut es, solange er mit dem Schwanz wedelt, wenn Sie sich ihm zuwenden. Nicht einmal irgendein »schmutziger, kleiner Bastard«, über den Sie zufällig gestolpert sind, während er sich sein so dringend notwendiges Essen aus einer umgefallenen Mülltonne holte, kann ausgeschlossen werden. Früher oder später wird der menschliche Beobachter entdecken, daß praktisch jeder Hund von Natur aus mit einem wertvollen Wissen und mit Weisheit ausgestattet und ein Meister in der Kunst ist, die Menschen mit Hilfe der unwiderstehlichen Macht eines stillen guten Beispiels zu belehren.

## 12

# Die Kunst des Sehens

An einem besonders schönen Sommermorgen, als alles überall die Weisheit, Güte und die Herrlichkeit seines Schöpfers pries, fuhren Professor Strongheart und ich die Küste von Südkalifornien entlang, und wir fanden, wonach wir gesucht hatten: unseren Strand. Er hatte wunderbaren Sand und außer ein paar Seevögeln lag er völlig verlassen da. Dies mußte auch so sein. Mein vierbeiniger Privatlehrer war eine zu wertvolle Investition in der Unterhaltungsbranche, um Begegnungen mit anderen Hunden oder einer gewissen Sorte Menschen, die er nicht als angenehm empfand – nicht einmal an einem so schönen Sommertag – zu riskieren.

Ich packte unser Mittagessen, eine Decke, einige Bücher und andere Dinge aus, und wir errichteten das Hauptquartier unserer Schule auf einer Sanddüne, von wo aus wir eine unbehinderte Sicht in alle Richtungen hatten. Da ich immer alles, was nur möglich war, mit Strongheart teilte, sogar die Arbeit bei solchen Ausflügen, ließ ich mir von ihm helfen, indem ich ihn verschiedene Gegenstände aus dem Auto holen und an ihren Platz legen ließ. Dies tat er sehr geschickt, wenn man bedenkt, daß ihm die Hände fehlten. Als alles an seinem Platz war und ich mich mit gekreuzten Beinen in die Mitte der Decke setzte, nickte ich, worauf er ungeduldig gewartet hatte, und nun rannte er fort so schnell ihn seine Beine trugen. In diesem Augenblick begann mein Unterricht.

Mit Augen voll Ferne, voller Energie, fester Sand unter

seinen Füßen, ein Ozean zum Hineintauchen wann immer er das Verlangen hatte, und niemand, der ihn forderte, war Strongheart ein prachtvolles Beobachtungsobjekt, sogar ein besseres als in seinen Filmen, so wunderbar diese auch waren. Beim Filmen mußte er sich immer an gewissen Grenzen und gut durchdachte Vorlagen halten, um seine Handlungen mit denen der menschlichen Schauspieler in Einklang zu bringen, so daß der Handlungsablauf harmonisch war. Aber an einem einsamen Strand, wo niemand seine geistige und körperliche Bewegungsfreiheit störte, bot er jede Sekunde spannende Unterhaltung. Einige Zeit war er am Strand, dann im Meer, dann ruhte er sich aus und überlegte, was als nächstes zu tun sei.

Während dieser Darbietungen am Strand wurde ich es niemals müde, sein Schüler und sein Publikum zu sein. Seine Lebenslust... seine Vitalität... seine enorme und fast katzenartige Beweglichkeit... sein vollkommenes Dasein für das, was er im Augenblick tat... all dies war lehrreich und unterhaltsam. Er besaß eine ungeheure Begabung, aus jedem Augenblick Spaß, Freude und Zufriedenheit zu holen, und er ließ das Leben nie uninteressant werden, weder für ihn noch für die um ihn.

Als ich ihm an diesem Tag als sein Schüler und Beobachter zusah – wobei der Pazifik genau der richtige Hintergrund für ihn war – konnte ich mich nicht erinnern, wann ich jemals eine so erhabene Schöpfung, ein so vollkommenes Zusammenspiel in Aktion gesehen hatte. Es war so, als ob ein Gedicht die Form eines Hundes angenommen hätte, um Rhythmus und Sinn auszudrükken, was in geschriebener oder gesprochener Form nicht möglich gewesen wäre. Alles, was Strongheart da draußen am Strand in Körper und Bewegung darstellte, war einfach der Ausdruck seines wunderbaren Charakters, die Ausstrahlung seiner großen inneren Qualitäten in endlosen, lebendigen Darstellungen, genau die Eigenschaften, die ich Tag für Tag mit Hilfe meines Buches der Synonyme und meines Lexikons in ihm gefunden hatte.

Da erkannte ich plötzlich, daß das, was ich beobachten durfte, kein Hund war, der großartige Eigenschaften ausdrückte, sondern großartige Eigenschaften verwirklichten sich durch einen Hund. Er strahlte sie tief aus seinem Inneren heraus aus und vergab sie so freigebig und verschwenderisch wie die Sonne ihre Strahlen. Er versuchte nicht, diesen Effekt zu erzielen, er ließ es ganz einfach geschehen.

Schließlich etwas müde vom anstrengenden Herumtollen, kam Strongheart zurück zu mir und legte sich hin. Er schloß seine Augen nicht, wie er dies sonst tat, wenn er sich auf diese Weise entspannte. Statt dessen blickte er mir mit ungewöhnlicher Wärme ins Gesicht und klopfte mit dem Schwanz auf den Sand. Es schien ihm etwas durch den Kopf zu gehen, das er mir unbedingt sagen wollte. Er tat sein Bestes, es mir verständlich zu machen, aber ich begriff es nicht, nicht einmal in der allgemeinen gewohnten Weise.

Sanft breitete sich eine herrliche sternenklare Nacht über die Szene, voll mit Düften von Meer und Land. Strongheart und ich saßen nun Schulter an Schulter und blickten mit gemeinsamen Staunen und Freude hinaus in die Dunkelheit. In seiner eigenen schlichten Art bewirkte Strongheart ein Wunder bei mir. Das Wunder, meine blinden inneren Augen zu öffnen, so daß ich einen Hund wirklich *sehen* konnte, wenn ich einen anschaute.

## 13

# Augäpfel

Die beschämende Entdeckung, daß ich unfähig gewesen war, einen Hund wirklich zu sehen, wenn ich ihn anschaute, brach alle Schranken zwischen mir und Strongheart. Unsere Beziehung erhielt neuen Schwung, eine neue Richtung und mehr Sinn.

Am Anfang unseres Zusammenlebens hatte ich eine sehr herkömmliche Einstellung zu Strongheart. Ich räumte mir selbst auf der Wertskala einen höheren Platz ein, weil ich »ein Mensch« bin und ordnete ihn viel weiter unten ein, weil er zufällig »ein Hund« war. Ich tat dies ungeachtet seiner ungewöhnlichen Leistungen, seines weltweiten Ruhms und der großen Summen, die er für andere verdienen konnte. Ich war lange der Überzeugung gewesen, daß alle Tiere, wobei nicht einmal Strongheart ausgeschlosen war, auf viel niedrigeren und verhältnismäßig unwichtigen geistigen und physischen Ebenen leben mußten, während ich mich auf den höheren Ebenen des Daseins bewegte; und ich glaubte, daß es zwischen ihnen und mir nur ziemlich begrenzte Verbindungen gab, die sich in Dienstleistungen erschöpften, aber nicht viel mehr. Diese Vorstellungen mußten grundlegend verändert werden.

Als ich mein Experiment »ein Hund erzieht den Menschen« mit Strongheart begann, war ich gezwungen, zu lernen, daß ich – wenn ich vollständiges Bewußtwerden Stronghearts oder anderer lebender Dinge erlangen wollte – viel durchdringender und mit größerer Wahrnehmung sehen mußte als nur mit zwei Augäpfeln in meinem Schädel, die durch Ober- und Unterlider starren. Ich mußte sozusagen meine Augäpfel als zuverlässige Berichterstatter zur Seite legen und beginnen, mit meinem Denken zu sehen. Diese Methode ist nicht so phantastisch, wie es zunächst scheinen mag. Sie hat eine lange und ehrwürdige Vorgeschichte und wurde von einigen der weisesten Männer und Frauen der Menschheitsgeschichte erkannt. Interessanterweise stimmen praktisch alle von ihnen in Hinsicht auf die damit verbundenen Grundprinzipien überein: Unsere fünf Sinnesorgane geben uns eine Art »Gefühl« vom Universum und den verschiedenen Dingen, die es enthält, aber sie helfen uns nicht, die Dinge so zu erfahren, wie sie tatsächlich sind. Vielmehr verzerren die Sinnesorgane die Wirklichkeit so, als ob wir versuchten, eine wunderschöne Landschaft durch eine Kameralinse, die nicht richtig eingestellt ist, zu betrachten. Die großen spirituellen Forscher, die nach den wahren Tatsachen hinter allen Erscheinungen gesucht haben, lehren uns, daß das Universum in seinem Aufbau fehlerlos ist; fehlerlos in seiner Sinngebung und fehlerlos in seiner Wirkungsweise. Aber sie haben auch darauf hingewiesen, daß der Durchschnittsmensch Schwierigkeiten hat, dieses wirkliche Universum zu sehen und zu erfahren wegen seiner mangelhaften inneren Sicht und seiner fehlenden Bereitschaft, diese zu ändern.

Auf der Suche nach richtigen Antworten drangen diese Forscher tief in die Geheimnisse aller Arten von Phänomenen ein und erschütterten das gängige Denken mit revolutionären Entdeckungen. Und eine der erschütterndsten war dies: Hinter jedem Objekt, das die Sinne erkennen – ob dieses Objekt nun Mensch, Tier, Baum,

Berg, Plfanze oder irgend etwas anderes ist – genau dort, wo sich dieses Objekt zu befinden scheint, gibt es die mentale und spirituelle Gegebenheit, die in ihrer Vollkommenheit lebt. Diese spirituelle Gegebenheit kann nicht mit dem normalen menschlichen Auge erkannt werden, sondern offenbart sich immer der klaren, inneren Sicht.

Mit ihrer tiefen und klaren Weisheit und ihrer Fähigkeit, die Dinge zu sehen, wie sie wirklich sind, machten diese spirituellen Pioniere eine scharfe Trennung zwischen Wirklichkeit und Nichtwirklichkeit der Dinge. Vom Gipfel ihrer Urteilskraft aus erkannten sie physische Erscheinungsformen nicht als wirklich, sondern nur als Fälschung des Göttlichen. Eine täuschende, vorübergehende menschliche Annahme. Eine massenhypnotische Verzerrung, »Der Stoff, aus dem die Träume sind«, wie Shakespeare es ausdrückte. Sie hatten verschiedene Namen für die innere Fähigkeit, mit deren Hilfe sie zwischen dem Wirklichen und Unwirklichen unterscheiden konnten. Einige von ihnen nannten es »das fehlerlose Auge der Wahrheit«. Andere bezeichneten es als »das Auge der Seele« oder »das geistige Auge« oder »das Auge des Verstehens«. Die Indianer mit ihrem einfachen, direkten Verständnis der großen Wahrheiten des Seins nennen diese wertvolle Begabung »inneres Sehen«, »inneres Hören« oder »inneres Wissen«.

Dies ist die Fähigkeit, die ich schließlich bei Strongheart zu benutzen begann, um ihn zu sehen und zu erkennen im großen göttlichen Plan und Sinn des Lebens. Meine Verbindung zu dem rein biologischen Teil von ihm hatte keinen von uns beiden weitergebracht, wenn es auch eine höchst interessante Erfahrung war. Im Gegenteil, es hatte uns in den gängigen und einengenden Grenzen und Gewohnheiten gehalten, in denen sich Menschen und Hunde seit Jahrhunderten bewegen.

Aber als ich begann, mich und auch Strongheart geistig aus diesem alten Trott zu befreien, begannen er und ich sozusagen über Ufer zu treten und Leben so zu erfahren, wie ich noch nie zuvor davon gehört hatte. Unser Ausbruch in diese höheren Wahrheiten begann an dem Tag, an dem ich anfing, seine Charaktereigenschaften mit Hilfe des Buches der Synonyme und des Lexikons zu erforschen.

Je mehr ich dies tat, um so mehr hob ich meine Vorstellungen von Strongheart von der physischen auf die mentale und von der mentalen auf die spirituelle Ebene. So machte ich ihn ständig zu dem, was er hinter seiner körperlichen Erscheinung wirklich war – eine grenzenlose Idee.

Mit Hilfe und Führung des Hundes und ihm selbst als Brennpunkt der Erfahrung erhielt ich unbezahlbare, ursächliche Lektionen in der kosmischen Kunst, die Dinge so zu sehen, wie sie wirklich sind – durch die Nebel und Grenzen hindurch, die uns alle voneinander zu trennen scheinen.

## 14

# Auf zum Gipfel

Wann immer wir die Möglichkeit hatten, verließen Strongheart und ich das Haus früh am Morgen und zigeunerten in Kaliforniens freier Landschaft herum, Spaß suchend und nach Abenteuer Ausschau haltend; für mich eine Weiterbildung. Bei diesen Ausflügen befolgten wir nur eine einzige Regel: das demokratische Verfahren der Rotation im Amt. An einem Tag übernahm ich die Führung auf dem Ausflug, und er paßte sich in jedem Detail an meine Pläne an. Beim nächsten Mal war er an der Reihe zu entscheiden, wo wir hingehen und was wir tun sollten, und ich gehorchte ihm, als ob er der Mensch und ich der Hund wäre.

In meinem Herzen plätscherte immer eine Meereswelle – das gemeinsame Schicksal aller, die an einer felsigen Meeresküste aufgewachsen sind. Wenn ich also der Vorsitzende des Tages war, steuerte ich gewöhnlich auf den Pazifischen Ozean zu. Aber obwohl Strongheart Strände und das Schwimmen im Meer liebte, bevorzugte er das offene Gelände, und je höher das offene Land, um so besser gefiel es ihm. Er war wirklich ein Gipfelhund.

Als ich eines Tages unsere Ausrüstung ins Auto lud, um einen Ausflug an einen fernen Küstenstreifen zu machen, da ich heute als Manager an der Reihe war, zeigte mir Strongheart, daß er nicht gehen wollte. Dies hatte ich noch nie zuvor bei ihm erlebt. Er hatte etwas Wichtiges im Sinn und versuchte, es mir durch Bellen und Körpersprache zu erklären. Ich verstand, daß er mit mir ohne Auto irgendwohin gehen wollte. Ich beschloß, ihm die Gestaltung des Tages zu überlassen, genau das war es, was er wollte.

Ich vermutete, daß es irgend etwas in der unmittelbaren Nachbarschaft gab, das ihn besonders interessierte und das er mir zeigen wollte. Doch statt dessen führte er mich Meile um Meile durch das farbenfrohe Hinterland, bis wir schließlich an einem seiner Lieblingsberge ankamen. Für eine Weile legten wir uns beide auf den warmen, weichen Erdboden, rasteten und tankten neue Energie. Dann stieß er ein paarmal mit der Nase an meine Wange, um mich wissen zu lassen, daß wir unseren Aufstieg wieder aufnehmen sollten, und wir stiegen weiter aufwärts.

Es war holperig zu gehen. Meist waren wir von Wegen, Pfaden und Wildwechseln weg, genauso wie Strongheart es am liebsten hatte. Aber die Landschaft, das Gefühl der Gemeinsamkeit und die Freude, den großen, ehemaligen Kriegshund in einem solchen Gelände in Aktion zu beobachten, lohnte die Mühe.

Am Gipfel des Berges erwartete uns am Spätnachmittag eine atemberaubende Szene. Weit unter uns reichte die Stadt und das von kleineren Orten übersäte Land bis an den fernen Pazifik, der wie eine riesengroße, glatte Glasscheibe dalag. Alles prangte in den sattesten Farben. Eine flammendrote Sonne ging gerade unter.

Einige Minuten standen Strongheart und ich da und betrachteten die Herrlichkeit. Dann marschierte er zu einer nahegelegenen Felsbank, setzte sich hin und beobachtete von dort aus weiter den Sonnenuntergang, so als ob dies der Grund war, warum er den Berg bestiegen hatte. Ich fand einen Platz in der Nähe hinter ihm, setzte mich mit gekreuzten Beinen auf den Boden und betrachtete ebenfalls den Sonnenuntergang. Und was wichtiger war, ich konnte ein bewunderndes Auge auf den großen Hund haben und auf alles, was er tat.

Dies war nichts Neues. Wie ich bereits sagte, war Strongheart ein Höhenhund, und wenn er an der Reihe war, bei einem unserer Ausflüge die Führung zu übernehmen, führte er mich oftmals auf einen Hügel oder einen Berg, so wie er es diesmal getan hatte. Am Gipfel verbrachte er nur selten Zeit damit, die Gegend zu erkunden, wie es fast jeder andere Hund getan hätte. Statt dessen suchte er einen besonderen Beobachtungsplatz, und wenn er ihn gefunden hatte, setzte er sich fast feierlich hin und blieb so lange Zeit. Wenn er davon genug hatte, kam er zu mir und bellte mich an, bis ich aufstand. Dann ging es wieder abwärts und nach Hause.

Jedesmal, wenn er eine solche Sitzung auf einer dieser Felsbänke abhielt, erging ich mich in einem Labyrinth von Überlegungen. Warum wollte ein Hund mit seiner Ausbildung, mit seiner ungewöhnlichen Lebenskraft und seiner Freude an der Bewegung so ruhig dasitzen, wenn es überall um uns herum so viele interessante Plätze gab, die nur darauf warteten, entdeckt zu werden. Könnte es sein, daß er, wie wir Menschen manchmal, genug von den Einschränkungen und Gewohnheiten des Alltags hatte und nur einen hochgelegenen Ort aufsuchen wollte, wo er für eine Weile über allem stand und sich gedanklich in weiten Räumen bewegen konnte. Sah er sich aufgrund der Ausbildung als Militär- und Polizeihund als Wächter? Fühlte er sich wie ein vierbeiniger Atlas, der die Probleme der ganzen Welt auf seinen Schultern trug? Beobachtete er die sich bewegenden Objekte unter ihm mit prüfendem Blick und versuchte herauszufinden, ob sie Freund oder Feind waren?

Strongheart saß auf der Felsbank wie aus Granit gehauen. Er war bewegungslos, aber höchst wachsam mit aufgerichteten Ohren, Augen und Nase nach vorn gerichtet. Lange Zeit beobachtete ich ihn und die Landschaft unter uns und versuchte, den Brennpunkt seines Interesses zu finden. Was konnte es sein, das seine Aufmerksamkeit so vollständig gefangenhielt? Ich beschloß, selbst zu überprüfen, was wirklich vor sich ging. Zentimeter für Zentimeter rutschte ich sitzend, bis ich einen Platz erreichte, wo ich seine Vorderseite und sein Gesichtsfeld sehen konnte.

Zu meinem Erstaunen beobachtete Strongheart absolut nichts *unter* ihm. Sein Blick war auf einen Punkt am Himmel gerichtet, beträchtlich über dem Horizont. Er starrte hinauf in den unendlichen Raum. Dort draußen, jenseits der Erfahrung durch die menschlichen Sinne, fesselte *irgend etwas* die Aufmerksamkeit des großen Hundes wie ein Magnet. Und dies gab ihm Zufriedenheit und Frieden. Dies war nicht nur von ihm ablesbar, es durchzog auch die Atmosphäre wie ein zarter Duft.

Ich hatte Pilger in solch meditativen Posen auf heiligen Bergen im Orient gesehen. Ich staunte ... und staunte ... und staunte ...

## 15

# Ein Hund gibt Antwort

In gewissem Sinn fuhren Strongheart und ich auf einer Art Traumtandem, wobei er vorne sozusagen am Steuer saß und ich auf dem Rücksitz mein Bestes tat, geistig in die Pedale zu treten und gemeinsam mit ihm in die unbekannte Richtung zu fahren, die er einschlug.

Wohin war der Hund in seinen Denkprozessen tatsächlich gelangt, während ein ungewöhnlich energiegeladener und aktiver Körper so ruhig auf der Felsbank lag? Strongheart stand in einem wechselseitigen Kontakt mit einem weisen und sehr gütigen *Etwas*. Das wäre für fast jeden gründlichen Beobachter offensichtlich gewesen, aber was ihn wahrscheinlich verwirrt hätte, so sicherlich auch mich, war seine wirkliche Natur und der genaue Standort dieses *Etwas*. Ich begann, geistig alle möglichen Richtungen zu erforschen, sorgfältig auf die intuitiven Stimmen zu hören und jede Führung genau zu befolgen. Mein Start bei meinen Bemühungen ging immer von zwei soliden Tatsachen aus: erstens, daß Stronghearts wirkliche Identität sich weit über seine körperliche Erscheinung hinaus erstreckte. Und zweitens, obwohl er als »ein Hund« eingestuft und mit den einschränkenden Vorstellungen betrachtet wurde, die wir Menschen gewöhnlich in bezug auf Hunde haben, war er trotzdem ein höchst intelligent denkendes Wesen. Das bewies er täglich von neuem, wenn er Dinge durchdachte, zu eigenen Schlußfolgerungen kam und diese dann in eine wirksame Handlung umsetzte.

»Wenn sich Stronghearts Identität über seine biologische Erscheinung hinaus erstreckt«, fragte ich mich, »wie weit erstreckt sie sich dann? Wo sind ihre Grenzen? Strongheart ist wirklich intelligent; Millionen von Menschen in der ganzen Welt werden dem beipflichten. Aber wer ist dazu geeignet, das wirkliche Ausmaß seiner Intelligenz zu beurteilen? Um dies zu tun, müßte man mit Strongheart auf einer Ebene des gegenseitigen Verständnisses in einen Meinungsaustausch treten können. Nur auf diese Weise könnte man herausfinden, was der Hund in mentaler und spiritueller Hinsicht weiß.«

Mit meiner begrenzten Vorstellungskraft begann ich mich zu fragen, ob Strongheart, wenn er dort auf dem Felsen saß, in seiner eigenen Art und Weise versuchte, Einsicht in die unsichtbaren Realitäten hinter der materiellen Erscheinung in die höheren Ebenen seiner selbst einzudringen, mehr über sein wahres Selbst zu entdecken, so wie fast jeder empfindsame Mensch es inmitten einer solchen Schönheit der Natur tun würde. Aber meine Spekulationen führten zu keinem Ergebnis. Der intellektuelle Nebel war zu dicht für mich.

Dann beschloß ich nur so zum Spaß, den Hund vor mir zu interviewen, so als ob er ein gebildeter, aber schwer zu verstehender Fremder sei. Ich begann damit wie ein Reporter, indem ich auf geistigem Wege mit ihm sprach, um die heilige Stille nicht zu stören, die uns beide umgab, wobei ich alles, was ich im stillen sagte, auf seinen Hinterkopf richtete. Ich stellte ihm Fragen, die mit den intimsten Bereichen seines Lebens zu tun hatten, mit mir, mit uns, mit Beziehungen von Mensch und Tier. Meine Fragen waren unzusammenhängend. Ich fragte, was mir gerade in den Sinn kam. Ich wartete nicht auf Antwort. Ich erwartete auch keine.

Schließlich gingen mir die Fragen aus. Ich entspannte mich und fiel in einen angenehmen schwebenden Zustand mit geistiger Leere. Plötzlich und ohne daß ich das geringste Geräusch verursacht hatte, um Stronghearts Aufmerksamkeit auf mich zu lenken, drehte er seinen Kopf und begann, mit seinen großen Augen durch mich hindurchzusehen. Es war unerwartet – und erschreckend.

Ich weiß nicht mehr, wie lange er seine Röntgenaugen auf mich gerichtet hielt. Vielleicht waren es nur ein paar Minuten. Es kann aber auch viel länger gewesen sein. Meine Situation ähnelte der des sagenhaften Mönchs, der, wie Sie sich vielleicht erinnern, vor langer, langer Zeit an einem ungewöhnlich schönen Frühlingsmorgen hinausging, um dem Gesang einer Lerche zu lauschen, und als er zurückkehrte, waren all seine Freunde fort. Es waren dreihundert Jahre vergangen. In Gegenwart höherer Wirklichkeiten verschwinden Dinge wie Zeit und Raum.

Dann drehte Strongheart seinen Kopf wieder zurück in die ursprüngliche Stellung und blickte wieder ruhig hinauf ins Weltall. Und dann – so mühelos und natürlich, als ob solche Dinge ein ganz normaler Bestandteil der alltäglichen Erfahrung wären – wußte ich, daß Strongheart mir im stillen geantwortet hatte. Und ich war wirklich in der Lage gewesen zu verstehen, was er zu mir gesagt hatte! Der Beweis dafür war, daß ich auf praktisch jede Frage, die ich gestellt hatte, eine Antwort erhalten hatte, Antworten, die sich später in allen Einzelheiten bewahrheiteten.

Während er mit dem Rücken zu mir gewandt auf dem Felsen saß, hatte Strongheart die Fragen gehört, die ich ihm geistig gestellt hatte. Als ich in den leeren Geisteszustand eintauchte, ohne zu wissen, was ich tat, öffnete ich mich geistig und wurde empfänglich. Als er dann seinen Kopf in meine Richtung wandte, um meine volle Aufmerksamkeit auf sich zu lenken, hatte er im stillen meine Fragen beantwortet. Ich hatte mit Strongheart in der Sprache gesprochen, die nicht laut in Worte gefaßt oder schriftlich niedergelegt werden muß, und er hatte mir in derselben Sprache geantwortet. Ohne daß ein Laut oder eine Geste zwischen uns ausgetauscht worden war, hatte jeder den anderen vollkommen verstanden. Ich hatte endlich die Verbindung mit dieser scheinbar verlorenen, universalen stillen Sprache aufgenommen, die allen Lebewesen von Natur aus gegeben ist, um mit allen anderen Geschöpfen und Lebensformen zu sprechen, wann immer ihr Geist und ihre Herzen aufeinander eingestimmt sind. Die Erleuchteten früherer Zeiten haben vor langem darauf hingewiesen.

Als ich Strongheart in dieser Nacht nach Hause folgte, wobei unser Denken und Handeln so harmonisch war wie nie zuvor, und wir uns in einem bewußten Rhythmus mit der unendlichen Intelligenz und Energie, aus der alle Dinge entstehen, bewegten, wußte ich plötzlich, warum die Sprachbarrieren zwischen dem Hund und mir verschwunden waren. Ich hatte eine richtige Saite in der großen Gemeinschaft der Schöpfung angeschlagen – und alles andere geschah ganz einfach von selbst.

## 16

# Geistige Brücken

Es läßt sich nicht leicht in Worte fassen, wie der Gedankenaustausch mit einem Hund mittels stiller Verständigung nun genau vor sich geht. Ein Hindernis, dies zu verstehen, liegt in der allgemeinen Einstellung, sich dem Ungewöhnlichen zu widersetzen, besonders wenn es mit Tieren zu tun hat. Eine weitere Schwierigkeit ergibt sich aus der Tatsache, daß der Versuch, seine geistige Beziehung zu einem Hund in dieser Weise zu erweitern, notwendigerweise ein Pionierabenteuer sein muß. Man ist gezwungen, seine eigenen geistigen Experimente zu machen, seine eigenen Schlüsse zu ziehen und sie in Erfahrung aus erster Hand zu beweisen. Man stellt sich gegen fast alle überlieferten Vorstellungen von Mensch-Tier-Beziehungen.

Mein größtes Hindernis zu lernen, wie man eine stille, vernunftgemäße Unterhaltung mit Strongheart führt, lag in einer Reihe von falschen Vorstellungen über Hunde, die ich aus den Jahrhunderte alten falschen Ansichten der Menschen übernommen hatte. Und eine der überheblichsten Vorstellungen war, daß die Tiere aufgrund ihrer »gottgegebenen Minderwertigkeit« mir nur wenig mitzuteilen hatten, was von Wert für mich war, wohingegen ich aufgrund meiner »gottgegebenen Überlegenheit« voll und ganz geeignet war, den Tieren wichtige Gedanken zu übermitteln. Und selbst wenn eine solche Verständigung vom Tier zum Menschen möglich war, würde dies in einer primitiven und sehr begrenzten Ausdrucksweise geschehen, wie es sich für eine »stumme Kreatur, die von einer niedrigeren Intelligenz aus handelt«, gehört.

Strongheart trieb mir diesen Unsinn aus. Nicht alles auf einmal, sondern Tag für Tag und Nacht für Nacht, während ich ihm im offenen Gelände aufmerksam folgte oder, bildlich gesprochen, zu Hause zu seinen Füßen saß und mich wortlos von ihm Dinge lehren ließ, die ich so dringend wissen sollte, um herauszufinden, wie ich ein besserer Gefährte für ihn und ein besserer Bewohner des Universums werden könnte. Als ich bereit war, einen Hund zu meinem Lehrer zu machen, teilte Strongheart wertvolle Weisheiten mit mir, wunderbare Geheimnisse, die mit der hohen Kunst der Hunde zu tun haben, aus dem Vollen zu leben und glücklich zu sein, ungeachtet der Umstände.

Strongheart half mir dabei, die schlechte Gewohnheit abzulegen, geistig auf andere Lebewesen hinabzusehen und sie als niedriger, begrenzt oder nicht mit mir verwandt zu betrachten. Er bleute mir folgende Tatsache ein: Wenn ich eine intelligente Zusammenarbeit mit ihm wollte, mußte ich alle meine geistigen Kontakte mit ihm auf einer horizontalen, gleich hohen Ebene herstellen, so offen wie möglich. Er lehrte mich, daß ich ihn immer bedingungslos als Mitgeschöpf betrachten mußte, anstatt als »einen Hund« im üblichen und beschränkten Sinn dieses Wortes.

Diesen Lehren zufolge entstand sozusagen eine geistige Brücke zwischen uns. Es war eine Brücke für zwei Richtungen, die sich von dem Punkt aus spannte, wo ich als »ein Mensch« wirkte, dorthin, wo Strongheart als »ein Hund« tätig zu sein schien. Mit Hilfe dieser unsichtbaren Brücke, die uns verband, war es meinen Gedanken möglich, ungehindert in den Bereich seines Denkens einzudringen und umgekehrt.

Aber dazu mußte ich mich verpflichten zu lernen, Gedanken über unsere Brücke *in seine Richtung* zu schikken. Und er, das weiß ich, ließ niemals zu, daß irgend etwas anderes als seine besten Gedanken zu mir herüberkamen.

Wenn ich meine Seite der Brücke auf einer so hohen, horizontalen und offenen Ebene hielt, um Gedanken zu empfangen und auszusenden, floß der Gedankenverkehr zwischen uns in einer natürlichen und für beide Seiten nutzbringenden Art und Weise hin und her. Nur selten schien er Schwierigkeiten zu haben, die Gedanken zu verstehen, die ich übermittelte, ob es sich dabei um Neuigkeiten, Vorschläge, Meinungen, Fragen oder Anerkennung handelte. Und je eifriger ich mich bemühte, um so leichter wurde es zu verstehen, was er mir wortlos sagte.

Gelegentlich vergaß ich jedoch, meine geforderte Rolle in dieser Beziehung zu spielen. Ich hob mein Brückenende hoch, so daß ich alles auf ihn herunterkippte wie ein Herr über seine Untergebenen. Immer dann gab es einen Kurzschluß in dem unsichtbaren Strom zwischen uns, und ich fiel automatisch zurück auf die niedrigere Ebene eines recht primitiven Menschen, der versuchte, sich im Schatten eines intelligenten Hundes wichtig zu machen.

Wenn jemand auf uns gestoßen wäre, wie wir an irgendeinem malerischen Platz im Freien still Schulter an Schulter saßen, und hätte man ihm in aller Ernsthaftigkeit erzählt, daß wir in einem inspirierenden Meinungsaustausch miteinander standen, und zwar mittels eines wortlosen Gesprächs, wäre es ihm wahrscheinlich ausgesprochen schwergefallen, dies zu glauben. Aber es hätte der Wahrheit entsprochen. Hätte er nun einer von uns sein wollen, wäre er beweglich und empfänglich genug für eine solche Erfahrung gewesen, hätte er sich uns anschließen und an der einfachen, allumfassenden Sprache teilhaben können, die wir benutzten, der Sprache, die keinen Laut erfordert und vom Herz zum Herzen fließt.

Was unsere stillen Unterhaltungen so mühelos und so ergiebig machte, war die unsichtbare Urkraft, die für das ganze Tun verantwortlich war. Um dieses tiefe Geheimnis zu verstehen, muß man wissen, daß das, was bei dieser Verbundenheit tatsächlich vor sich ging, kein Gedankenlesen mit wechselndem Erfolg zwischen dem »größeren und bedeutenderen Gehirn eines Menschen« und dem »kleineren und weniger bedeutenden Gehirn eines Hundes« war. Keineswegs. Das Gehirn als solches hatte mit dem Ganzen nicht mehr zu tun als die Rippen. Es war *etwas* viel Maßgebenderes. Und dieses *Etwas* besaß die ganze Unermeßlichkeit, Macht, Intelligenz und Liebe des grenzenlosen Geistes des Universums, der es durchdringt. Weder Strongheart noch ich verständigten uns aus uns selbst heraus. Keiner von uns drückte sich als Urheber der Gedanken oder als eine unabhängige Quelle aus. Im Gegenteil, wir wurden *verständigt* durch den Geist des Universums. Wir wurden als lebende Instrumente zu seiner Freude benutzt. Dieser ursprüngliche, grenzenlose und ewige Geist floß durch mich zu Strongheart und von Strongheart zu mir. So erkannte ich, daß er überall und durch alles in einem endlosen Rhythmus harmonischer Gemeinschaft fließt.

Ich hatte das Privileg, von meinem Hundelehrer zu lernen, wie ich mein menschliches Ego und meinen Intellekt überwinden konnte, wie ich meine mit Stronghearts besten Eigenschaften verbinden und zulassen konnte, daß sich das Universum durch uns ausdrückt; das Universum mit seiner Weisheit und langen Erfahrung weiß sehr wohl, wie das zu bewerkstelligen ist.

## 17

# Magische Alchemie

Vielleicht trägt es zu unserem Verständnis bei, wie der Geist des Universums durch einen Menschen zu seinem Hund spricht und durch den Hund zum Menschen, wenn wir uns vorstellen, daß zwei Menschen dieselbe Art Brücke für den Sprachverkehr in zwei Richtungen geschaffen haben, die Strongheart und ich so praktisch und hilfreich fanden.

Eine solche unsichtbare Brücke zwischen zwei Menschen wäre ein Hinweis darauf, daß sie in einer vollkommenen Verbindung und in einem Zustand echter Kameradschaft zueinanderstehen. Eine solche Beziehung kann nur auf dem Boden gegenseitigen Respekts, Bewunderung, Anerkennung, Loyalität, Höflichkeit und dem gegenseitigen Wunsch, nur sein Bestes zu geben, gedeihen.

So ergibt sich eine Art magische Alchemie, in der sich jeder der beiden Menschen, ohne die Einzigartigkeit der eigenen Individualität zu opfern, mit dem anderen in Harmonie bringt, so daß sie beide wie eine Einheit erscheinen. Die Augen sehen gemeinsam, die Ohren hören im Einklang, die Herzen schlagen im selben Rhythmus. Ihr Leben fließt gemeinsam in einer Einheit des Wissens, des Seins und des Tuns.

Diese beiden Menschen erreichen dann einen Punkt des gegenseitigen Verständnises, wo eine Laut- oder Zeichensprache oder das geschriebene Wort zwischen ihnen überflüssig wird. Sie stellen fest, daß sie keine symbolischen Begriffe mehr brauchen, um ihre Gedanken und Gefühle auszutauschen. Sie befinden sich in vollkommenem Einklang miteinander und in Harmonie mit allen anderen Lebewesen.

Dies ist das übergreifende Muster, das Strongheart und ich gemeinsam ausarbeiteten. Wir machten Fortschritte trotz großer Schwierigkeiten infolge meiner Unkenntnis solcher Dinge. Aber je mehr ich mich bemühte, um so leichter wurde es. Ich erkannte, welch geringer Unterschied zwischen einem geistigen Gedankenaustausch zwischen Mensch und Hund besteht, vorausgesetzt, daß die geistige Brücke zu dem Hund so hoch und horizontal angelegt wird, wie man dies im Falle eines intelligenten und geachteten Menschen tun würde; vorausgesetzt auch, daß der Gedankenstrom in beide Richtungen fließen kann und der beteiligte Mensch zumindest ein gewisses Verständnis der Göttlichkeit allen Lebens besitzt, die von Natur aus jeden von uns mit jedem anderen Lebewesen verbindet und jedes andere Lebewesen mit uns, und zwar in einer wahren Gemeinschaft.

Einige meiner Freunde interessierten sich dafür, die Möglichkeiten der vernunftgemäßen Verbindung mit ihren Hunden zu erforschen. Nach langem Experimentieren gelangten einige von ihnen nur zu recht enttäuschenden Resultaten. Sie hatten zwar eine Brücke zwischen ihnen und ihrem Hund errichtet, aber es gelang ihnen nicht, einen wechselseitigen Sprachfluß herzustellen. Ihre Brücken konnten ihre Gedanken nur von ihnen zu ihren Hunden fließen lassen, aber nicht von diesen zu ihnen. Sie waren eifrige Sender, aber keine guten Empfänger. Und dies brachte keine wirkliche Verbindung zum Tragen.

Wenn ich versuchte, Strongheart zu hören und zu verstehen, wenn er wortlos zu mir sprach oder vielmehr, wenn der Geist des Universums durch ihn sprach, waren meine normalen Ohren ein großes Hindernis. Sie waren an grobe und disharmonische irdische Klänge gewöhnt und unfähig, die zarte, allumfassende geistige Sprache aufzunehmen, besonders wenn sie durch einen Hund zu mir kam. Einen wirklichen Fortschritt machte ich erst dann, als ich mich mit größter Gewissenhaftigkeit der »praktisch verlorenen Kunst des Zuhörens« widmete, die, wie William Butler Yeats behauptete, »von allen Künsten der Ewigkeit am nächsten kommt«.

Es war viel wichtiger, Strongheart zuzuhören, als zu versuchen, ihn dazu zu bringen, mir zuzuhören. Wenn mein inneres Hören und Empfangen richtig eingestellt war, konnte ich immer Interessantes und Wichtiges hören, das von ihm kam. Aber ich verlor diese Aufnahmefähigkeit immer dann, wenn ich vorübergehend vergaß, daß wir beide ein lebendiger Ausdruck desselben Göttlichen Plans waren; unsere Beziehung sank daraufhin wieder auf die herkömmliche Mensch-Hund-Ebene.

Das denkwürdigste unserer stillen Gespräche fand unter dem Sternenhimmel statt, als er und ich Schulter an Schulter in gemeinsamer Betrachtung wie zwei nachsinnende Philosophen dasaßen. Erst ließen wir uns von der unendlichen Weite des Raums durchdringen. Wir beobachteten die wunderbaren Muster und sinnvollen Gegebenheiten aller Dinge, und wir staunten und wunderten uns und machten uns darüber Gedanken. Wir lauschten der Stimme des Seins, die leise sprach in der Sprache, die keine Grenzen der Zeit, des Raumes oder der Arten kennt. Der Zauber des Universums floß durch uns, und der Hund und ich erkannten unseren individuellen und notwendigen Platz in dieser herrlichen, kosmischen Ausdrucksform.

Von Zeit zu Zeit lenkten Strongheart und ich unsere Gedanken von der Weite des Universums zurück auf uns und sprachen stumm miteinander. Ich stellte ihm eine bestimmte Frage. Wenn die Antwort kam, machte sie sich auf die sanfteste Art bemerkbar. Sie kam in Form einer »ruhigen, leisen Stimme«, die mir in meinem Inneren die gewünschte Information zuflüsterte... oder in einer plötzlichen Bewußtheit... oder einer Eingebung... oder Inspiration... oder einer klaren Anleitung zur Lösung eines besonderen Problems.

Ich machte niemals bewußt irgendeine Anstrengung, damit diese Übergänge vom Nichts-Wissen zum Wissen stattfinden konnten. Ich wurde ganz einfach so still und offen wie möglich – und hörte zu. Früher oder später geschah es ganz einfach. Es war so, wie wenn man sich ganz plötzlich an etwas erinnert, das man schon immer gewußt, aber vorübergehend im Nebel und der Verwirrung der menschlichen Erfahrung vergessen hat.

Auf diese Weise knüpften Strongheart und ich uns an die wortlose Sprache an, die der Geist des Universums fortwährend durch alle Lebensformen und zum Nutzen alles Lebenden spricht. Auf diese Weise nutzten wir die wunderbare, innere Verbindung von Geist zu Geist und vom Herzen zum Herzen. Auf diese Weise überschritten wir jeder die Grenzen des anderen, nur um festzustellen, daß da keine Grenzen waren, die uns voneinander trennten, nur in der dunklen Vorstellung der menschlichen Sinne.

## 18

# Nudisten

Eine der nützlichsten Lektionen, die mir Strongheart erteilte, drehte sich um das alte Sprichwort: »Gedanken sind Dinge.« Niemand hatte dem Hund dieses Sprichwort beigebracht, trotzdem wußte er eine Menge darüber.

Ich erinnere mich, in meiner frühen Schulzeit diesen Satz gehört zu haben, auch später noch viele Male, ohne ein Interesse dafür aufzubringen. Mir war dies immer als rein philosophischer Begriff erschienen, ein geflügeltes Wort, mit dem man um sich warf, wenn die Unterhaltung in diese Richtung lief, aber nichts, was man in dieser hartgesottenen, realistischen und praktischen Zeit ernstnahm.

Aber in unserem »der Hund erzieht den Menschen«-Lehrplan machte mir Strongheart klar, daß Gedanken wirklich Dinge sind. Er lehrte mich das schnell und für immer; nicht nur für mein Wohl als Lebewesen, sondern zu meinem Schutz beim Zusammentreffen mit anderen Lebenden.

Er zwang mich zu erkennen, daß das ausschlaggebende Instrument bei all meinen Kontakten mit ihm mein eigenes Denken war, mein eigener Geisteszustand und meine eigene innere Haltung. Nicht sein Denken, seine innere Haltung – sondern meine. Ich erkannte, daß vorrangig ich dafür verantwortlich war, was in unserer Beziehung geschah, und daß diese Verantwortung nicht so sehr darin bestand, was ich sagte oder tat, sondern vielmehr darin, zu welchem Tun ich mich *seelisch* entschloß.

Zwei Dinge wurden in den Lektionen immer wichtiger:

Erstens waren Strongheart und ich *geistige* Wesen, bevor wir ein Objekt oder ein materieller Ausdruck des Lebens sein konnten. Daher mußten wir beide uns als geistige Wesen betrachten, damit auch der restliche Teil von uns in die richtige Beziehung zueinander gesetzt wurde. Immer, wenn ich aus dieser Einstellung heraus handelte, bewegten Strongheart und ich uns in vollkommenem Einklang. Die zweite Tatsache war, daß jeder noch so unbedeutende Gedanke, den ich in Stronghearts Richtung sandte, ob er nun gut, schlecht oder neutral war, fast ausnahmslos wie ein Bumerang in einer entsprechenden äußeren Handlung wieder auf mich zurückgeworfen wurde. Dies war wie ein Echo; ich mußte ständig auf der Hut sein, und jeder Fremde, der uns besuchte, mußte davor gewarnt werden. Wenn diese Vorsichtsmaßnahme gelegentlich vergessen wurde, spürte Strongheart etwas in der mentalen Atmosphäre des Besuchers auf, das er nicht mochte, und bisweilen führte dieser Zusammenstoß der unvereinbaren Haltungen zwischen Mensch und Hund zu einer rauhen Erfahrung für den Besucher.

Strongheart wußte – aber nur wenige seiner Besucher vermuteten das – daß jeder ständig die wirklichen Tatsachen über sich selbst ausstrahlt, sein Denken, seine Gefühle und seine Emotionen. Nichts, was sie nach außen hin taten, konnte diese Tatsachen vor dem Hund oder irgendeinem anderen wachsamen Tier verbergen. Da Strongheart die geistige Haltung der Besucher auf diese Weise aufspürte, behandelte er sie dementsprechend. Diejenigen, zu denen er sich so grob verhielt, fragten sich immer, warum »so ein großartiger Hund wie Strongheart« sie in einer unsozialen und ungebührenden Weise behandelt hatte.

Eines der wichtigsten und bestürzendsten Dinge, die mir mein vierbeiniger Lehrer einpaukte, war folgendes: Egal, wo ich gerade war oder was ich gerade tat, mein Geist stellt immer viel mehr zur Schau als mein physischer Körper oder die Kleider, die ich gerade trage. Weder mein Innenleben noch seines oder das Innenleben irgendeines anderen Lebewesens ist privat oder läßt sich vor anderen verbergen. Wir sind alle geistige Nudisten, die immer öffentlich zur Schau gestellt sind, so daß sie von allen unbehindert beobachtet und eingeschätzt werden können.

Der Hund brachte mich dazu, meine Motive sehr genau zu beobachten und mir sehr bewußt zu sein, was ich dachte, besonders wenn ich mit ihm zusammen war. Und er war die Ursache dafür, daß ich einige grundsätzliche Verbesserungen an meinem Charakter und meinem Verhalten vornahm. In dieser Hinsicht hatte ich keine andere Wahl. Ich mußte diese persönliche Disziplin annehmen, damit unsere Beziehung im Gleichgewicht blieb.

Praktisch jede Lektion, die mich Strongheart lehrte, hatte mit seiner geistigen Haltung und ihrer Wirkung auf ihn, auf uns und die verschiedenen Dinge, ob wir sie taten oder nicht, zu tun. Mit jeder dieser Lektionen war die indirekte, aber wichtige Ermahnung verbunden, daß er und alle anderen Tiere – außer denen, die durch Zusammenleben mit den Menschen verdorben wurden – immer aus reinem Herzen und guten Absichten heraus leben. Er machte mir klar, daß ich, wenn ich mit ihm oder irgendeinem anderen Lebewesen auskommen wollte, ebenso leben mußte.

Je mehr ich versuchte, meine Gedanken, meinen Charakter, meine Absichten und meine Handlungen zu reinigen und nur mein Bestes mit seinem Besten, in allem, was wir taten, zu verbinden, umso mehr begannen wir, uns über die beengenden und unwirklichen Grenzen unserer Umgebung hinwegzusetzen. Wir fanden uns im grenzenlosen Bereich des Geistigen und Spirituellen, wo jeder sich als individueller Bewußtseinszustand voll entfalten konnte und wir gemeinsam als Verbündete in der großen Gemeinschaft der Schöpfung an einem Abenteuer teilhatten, das überhaupt keine Grenzen zu haben schien.

## 19

# Gefangener Glanz

Nun kam die Krönung in meinem Gemeinschaftsabenteuer mit Strongheart. Er offenbarte mir ein faszinierendes Geheimnis, das berufsmäßige Hundetrainer, Hollywoodproduzenten und Abertausende seiner Bewunderer in der ganzen Welt verblüfft hätte. Das war das Geheimnis: Was hatte man hinter den Kulissen mit Strongheart so erfolgreich angestellt, um aus dem ehemaligen und schwer zu handhabenden Kriegshund einen verständigen und gutmütigen Filmstar zu machen? Strongheart gab mir die Antwort auf diese Frage nicht auf einmal, sondern Stück für Stück, wenn wir unsere stillen Gespräche führten.

Wenn Sie dieses Geheimnis verstehen wollen, müssen Sie zunächst den Unterschied zwischen ein Tier *trainieren* und ein Tier *erziehen* verstehen. Trainierte Tiere sind verhältnismäßig leicht zu handhaben. Alles, was man braucht, ist eine Anleitung, ein gewisses Maß an Großspurigkeit, etwas zum Drohen oder Strafen und natürlich das Tier. Ein Tier zu erziehen erfordert andererseits große Intelligenz, charakterliche Sauberkeit, Phantasie und eine sanfte Hand, geistig, sprachlich und körperlich gesehen.

Der bedeutendste Unterschied zwischen dem Trainieren und Erziehen eines Tieres, so lernte ich von Strongheart, liegt in der Art der Betonung. Es hängt davon ab, ob man den Schwerpunkt auf den geistigen oder den körperlichen Teil des Tieres legt. Der übliche Trainer, der überlieferten und starren Verhaltensmustern folgt, legt den Schwerpunkt fast völlig auf das Körperliche. Solange sein Tier so gut wie möglich aussieht und seinen Befehlen prompt gehorcht, ist er zufrieden. Diese Methode ist für das Tier beengend, und die Erfolge sind schablonenhaft.

Der landläufige Trainer geht von einer negativen Voraussetzung aus. Er nimmt an, daß er mit einer stummen und niedrigen Lebensform arbeitet, die, sogar im besten Fall, aufgrund ihrer »begrenzten geistigen Fähigkeiten« nur ein bestimmtes Maß an Intelligenz und Leistungen erreichen kann. Wenn er zufällig mit einem Hund arbeitet, besteht sein Hauptziel darin, das Tier so zu beherrschen, daß es sich ihm völlig unterwirft, jedem seiner Befehle gehorcht und in ihm einen Abgott sieht. Es ist so, als ob er dem Hund ständig sagen würde: »Vergiß nicht du da unten, daß ich dein Herr und Meister bin! Deshalb befolge und tue alles, was ich dir sage, sonst passiert was!«

Die meisten der Tiere, die der Mensch durch die Jahrhunderte hinweg dazu benutzt hat, seinen eigenen selbstsüchtigen Zielen zu dienen, sind Ergebnisse dieses Trainings ohne Erziehung gewesen. Man verwendet ein Minimum an Intelligenz und ein Maximum an Gewalt, um blinden Gehorsam zu erzwingen. In professionellen Kreisen ist dies bekannt als »Mach es oder brich es«-Technik. Der Widerstand des Tieres wird so geschwächt und seine Ungezwungenheit und Initiative so gedämpft, daß es gleichgültig alles tut, was der Trainer verlangt. Sein Denken und seine natürlichen Impulse unterdrückt, wird es ein vierbeiniger Sklave, der unterwürfig den Launen und Einfällen des menschlichen Egos dient, das sich vor ihm als Gott aufspielt.

Der *Erzieher* eines Tieres tut genau das Gegenteil. Er

beginnt mit Einsicht und Intuition, legt den Schwerpunkt vollkommen auf den geistigen anstatt den körperlichen Teil des Tieres. Er behandelt es als einen intelligenten Kameraden, dessen Entwicklung und Selbstausdruck er in keiner Richtung einschränken möchte. Er weiß, daß die Erscheinungsform des Tieres, seine Leistungen und Handlungen nur äußere Ausdrucksformen seines Geisteszustands sind. Er versucht, dem Tier zu helfen, seine Denkfähigkeit zu nutzen, so daß in seinem Aussehen, seinem Charakter und seinen Handlungen entsprechende Resultate erzielt werden.

Als Strongheart seine Filmkarriere in Hollywood begann, war er ein hervorragendes Beispiel sowohl für einen gut trainierten als auch einen gut erzogenen Hund. Das Training und die Erziehung hatten auf verschiedenen Seiten des Atlantiks stattgefunden. In Deutschland war er sorgfältig als ein außerordentlich leistungsfähiger Polizei- und Kriegshund trainiert und in einem starr reglementierten Denken und Handeln abgerichtet worden, indem praktisch alles für ihn vorausgeplant und organisiert war. Als er in die Vereinigten Staaten kam, war er ein gutes Beispiel für einen gut trainierten, aber nicht erzogenen Hund. Trotz seiner großartigen körperlichen Erscheinung und seinen Erfolgen und Preisen war er einseitig, mit falschen Proportionen und außer Balance. Er war weit von der Entwicklung entfernt, die ihm zustand. Obwohl ein großartiger Hund, war er eigentlich eine große Aufgabe.

Doch aus all dieser Einseitigkeit heraus entwickelte sich – mit dem Verständnis und der geduldigen Unterstützung von Larry Trimble – einer der harmonischsten, besterzogenen und erfolgreichsten Hunde in der Geschichte. Aber auch für Larry Trimble war dies keine leichte Aufgabe. Strongheart war aggressiv, hatte feste Gewohnheiten und widersetzte sich der Änderung seiner Denkweise und seiner Verhaltensmuster. Während der vielen herausfordernden und fast hoffnungslosen Wochen des Experimentierens hatte er gegenüber Larry eine Einstellung, die zeigte, daß er ständig bereit war zu explodieren; es war eine Mischung aus Überlegenheit, Abneigung, Gleichgültigkeit und Widerwillen. Er war ständig mißtrauisch und wachsam, um zum Angriff bereit zu sein, wenn Trimble, den er als einen getarnten Feind betrachtete, einen von ihm erwarteten Angriff starten würde.

Weder Befehl noch Zwang wurde angewandt, um Strongheart von seinen militärischen Gewohnheiten zu befreien. Trimble, weise durch seine lange Erfahrung mit Tieren, verbrachte oft längere Zeit allein mit dem großen Kriegshund auf einer abgelegenen Farm, wobei er Strongheart alle erdenkliche Freiheit ließ, ihn bei allem, was er tat, beobachtete, nach seinen Motiven suchte, um herauszufinden, was getan werden konnte, seinen möglichen Filmstar zu einem besseren Lebensgefühl zu verhelfen.

Nach vielen Wochen fand Trimble das Geheimnis, durch das Stronghearts Geisteshaltung transformiert und aus einem kampflustigen Kriegshund ein sympatischer, intelligenter und kooperativer Filmstar wurde. Trimble entdeckte, daß tief in dem großen Hund verborgen, und dort fest eingemauert, ein Reichtum an großartigen Charaktereigenschaften lag. Diese Talente und guten Eigenschaften, die tief in dem rauhen Äußeren des Hundes vergraben waren, mußten nicht entwickelt, sondern befreit werden. Das war es, woran sich Trimble nun machte.

Die Blaupause für die Erziehung Stronghearts könnte

sehr gut aus dem berühmten Text aus Robert Brownings »Paracelsus« entlehnt sein:

»Die Wahrheit liegt in uns und braucht nicht durch äußere Dinge geweckt zu werden, was auch immer Ihr glaubt. Es gibt ein innerstes Zentrum in uns allen, wo die Wahrheit in ihrer Fülle im Überfluß vorhanden ist. Und Schicht für Schicht wird sie von unserem Körper umhüllt und von unserem Fleisch umschlossen, diese vollkommene, klare Wahrnehmung – welche die Wahrheit ist.

Ein hinderliches und entstellendes fleischliches Netz hält sie gefangen und führt zu allen Irrtümern:

Und Wissen bedeutet, der Wahrheit einen Weg nach draußen zu öffnen, auf dem sich der gefangene helle Glanz befreien kann, anstatt einen Eingang für das Licht zu machen, das wir dort draußen wähnen.«

Mit seinem durchdringenden Wahrnehmungsvermögen und einer geschickten, aber sanften Technik begann Trimble, alle möglichen Wege für Stronghearts gefangene Großartigkeit zu öffnen, so daß sie sich ausdrücken konnte. Zunächst kam nur sehr wenig davon zum Ausdruck, weil die Erfahrung für Strongheart völlig neu war, aber dann kam sie spontan im Überfluß zum Vorschein. Der große Kriegshund war darin unterstützt worden, mehr er selbst zu sein. Und es war dieses uneingeschränkte Teilen seines wahren Selbst, das Strongheart ermöglichte, die fast unglaublichen Dinge zu vollbringen und in der Welt der Unterhaltung seinen unübertroffenen Erfolg zu haben.

Dies ist in groben Zügen das Geheimnis, das Strongheart mir über unsere unsichtbare Brücke für den gegenseitigen Gedankenverkehr enthüllte, und Larry Trimble bestätigte es später im einzelnen.

Aber damals wie heute ist es ein schwieriges Geheimnis, schwer zu begreifen und umzusetzen für den herkömmlich Denkenden wegen seiner göttlich begründeten Einfachheit und Natürlichkeit.

20

# Klapperschlangen

Die Kunst, seine Gedanken und Motive bei Begegnungen mit anderen Lebewesen sorgfältig zu überprüfen, ist von großem praktischen Wert, besonders bei solchen Geschöpfen wie Klapperschlangen. Diese weisen, aber wenig verstandenen Gefährten mit ihrer giftproduzierenden Geschicklichkeit und ihren tödlichen Verteidigungstechniken sind Experten erster Güte, wenn es um Gedankenausstrahlung geht, besonders wenn diese von Menschen kommen.

Als ich zum ersten Mal die Teile des amerikanischen Westens besuchte, wo sich die Wege der Weißen und Indianer häufig mit Klapperschlangen kreuzten, und als ich es selbst erlebte, war dies eine erschreckende Erfahrung. Ich sah einige von ihnen, die sich mit ihren hypnotisierenden Augen und tödlichen Giftzähnen zu einem ihrer Blitzangriffe bereit machten. Sie waren gründliche, furchterregende und tödliche Killer.

Eines Tages erzählte mir ein alter Wüsten-Goldsucher, der Klapperschlangen als Nachbarn hatte, solange er denken konnte, etwas Erstaunliches. Er sagte, daß Klapperschlangen nur selten einen Indianer verletzen, hingegen ein besonderes Vergnügen daran zeigen, ihre Giftzähne in einen Weißen zu schlagen. Ich fragte ihn, warum. Er wußte es nicht und hatte auch niemals versucht, es herauszufinden.

Auf meinen Reisen stellte ich fest, daß das, was mir der alte Goldsucher erzählt hatte, wahr ist. Die Klapperschlangen waren tatsächlich wählerisch. Sie bissen die Weißen und verschonten die Indianer. Ich unterhielt mich mit allen Arten von »Schlangenexperten«, aber keiner von ihnen konnte mir eine befriedigende Antwort geben. Mit Sicherheit lieferte mir keiner eine Antwort, die ich bei der Diamantklapperschlange ausprobieren würde.

Fast überall, wo ich hinkam, herrschte ein bösartiger und umbarmherziger Krieg zwischen Weißen und Klapperschlangen, es war ein Krieg auf Leben und Tod, entweder für den Menschen oder die Schlange. Aber ich konnte keinen derartigen Kriegszustand zwischen Indianern und Klapperschlangen finden. Sie schienen eine Art »gentlemen's agreement« geschlossen zu haben. Bei all meinen Ausflügen in Wüsten, Prärien und Berge sah ich kein einziges Mal, daß sich eine Klapperschlange entweder zur Verteidigung oder zum Angriff bereitmachte, wenn ein Indianer ihr nahekam.

Meine Lektionen unter dem Motto »Ein Hund erzieht den Menschen« mit Strongheart hatten mir gezeigt, welche Schwierigkeiten die unsichtbaren, geistigen Kräfte in der Begegnung mit Tieren verursachen können. Und so konnte ich verstehen, warum zwischen Weißen und Klapperschlangen Krieg herrschte, aber praktisch keiner zwischen den Indianern und den Schlangen. Diese Situation von Menschen und Schlangen bestätigte, was Strongheart mir so geduldig beizubringen versucht hatte: nämlich, daß uns unser Denken in seiner Nacktheit immer vorausgeht und seine wahre Natur und Absicht genauestens offenbart. Das mysteriöse Paradox Mensch-Klapperschlange war durch die Lehren eines Hundes für mich gelöst. Die Antwort hatte mit der individuellen Einstellung zu tun, mit der Atmosphäre, die der Charakter verbreitete, mit geplanten Gedanken oder Gedankenkräften. Fast jede Klapperschlange, die ich beobachtete, verdeutlichte mir diese Erkenntnis. Die Schlangen waren in der Lage, die besondere Denkweise aufzuspüren und richtig einzuschätzen, die in ihre Richtung gelenkt wurde. Nachdem sie dies getan hatten, waren sie bereit, den sich nähernden menschlichen Körper, der zu diesen Gedanken gehörte, entweder als Freund oder Feind zu behandeln.

Was geschieht nun wirklich, wenn der durchschnittliche Weiße und Klapperschlange sich plötzlich und unerwartet begegnen? Er hat gelernt, alle Schlangen als ekelhaft und als tödliche Feinde zu betrachten mit keinerlei Rechten auf Erden, und so will er jede Schlange, die er sieht, töten. Etwas höchst Emotionelles, Wildes und Gewalttätiges beginnt, in ihm zu toben und erfüllt ihn mit Widerwillen und Furcht und versetzt ihn in höchste Alarmbereitschaft. Gleichzeitig kommen alle möglichen böswilligen Faktoren an die Oberfläche, die latent in seinem Wesen schlummern, und vergiften zutiefst seinen Geisteszustand. Diese unsichtbare Waffe, diese tödliche Gedankenkraft, richtet er mit todbringender Absicht auf die Klapperschlange.

Die Klapperschlange wiederum ist hochempfindlich für diesen geistigen Angriff und ist sich seines Urhebers bewußt, weshalb sie schnell reagiert und ihre eigene Geisteshaltung vergiftet und mit ebenso böswilliger Absicht auf den Weißen lenkt. Bis zu diesem Punkt spielt sich der Konflikt zwischen Mensch und Schlange auf geistiger und emotionaler Ebene ab. Es ist eine Art Gedanken-Blutrache, ein Zustand gegenseitigen Unwohlseins, in dem jeder mit seinen destruktiven Einstellungen und Absichten auf den anderen trifft.

Wenn der Weiße zufällig eine Waffe besitzt und auch

erfolgreich Gebrauch von ihr machen kann, tötet er den physischen Körper der Schlange. Wenn es der Schlange jedoch gelingt, dem Schuß zu entgehen und in seine Reichweite zu gelangen, gräbt sie ihre Giftzähne in seinen Körper, und der Mensch bezahlt das Rendevouz mit dem Tod. Obwohl die Schlange ihre Giftzähne womöglich siegreich in den Körper des Weißen geschlagen hat, trifft sie in Wirklichkeit das unsoziale und todbringende Denken, das den Körper beherrscht.

Wenn man einen Indianer beobachtet, der in die Nähe derselben Klapperschlange kommt, würde man Zeuge eines völlig anderen Geschehens. Zum einen würde man nicht das geringste Anzeichen von Angst oder Feindseligkeit bei jedem der beiden feststellen. Wenn sie sich ziemlich nahe kommen, halten sie beide für einen Augenblick ein, betrachten sich einige Minuten lang ruhig und in der freundlichsten Gesinnung, worauf sie beide wieder ihres Weges ziehen, wobei jeder sich strikt um seine Angelegenheiten kümmert und dem anderen dasselbe Recht zugesteht. Während der Pause, in der sie sich betrachteten, kommunizieren sie miteinander und verstanden sich gegenseitig, wie ein großes und ein kleines Schiff auf See, die sich gegenseitig freundliche Botschaften senden.

Könnten wir hinter die Gedanken und Motive des Indianers blicken, würden wir das einfache Geheimnis dieses Geschehens entdecken, denn wir würden erkennen, daß er, so gut er konnte, in bewußtem Einklang mit dem lebte, was er ehrfürchtig den »großen Geist« nannte, das große Urprinzip allen Lebens, das alle Dinge erschafft und beseelt und seine Weisheit beständig durch alle Lebewesen zum Ausdruck bringt. Aufgrund dieses universell wirkenden Gesetzes war der Indianer in einer stillen und freundlichen Verbundenheit mit der großen Klapperschlange und betrachtete sie nicht als »Schlange«, die man fürchten und vernichten mußte, sondern als einen vielbewunderten und geliebten »kleineren Bruder«, der ein ebenso großes Recht auf Leben, Freiheit, Glück, Achtung und Rücksichtnahme hatte, wie er für sich selbst erhoffte. Sein »kleinerer Bruder« hatte dementsprechend reagiert.

## 21

# Klappern

Selbst die meistgefürchtete aller Giftschlangen ist im Herzen ein gutmütiger Kerl. Sie möchte verstanden werden und verstehen. Sie gibt einen weisen und liebevollen Gefährten ab und wird immer ihr Bestes teilen, wenn immer der Mensch einen Teil dazu beiträgt. Dies ist zweifellos schwer zu glauben, aber es bewahrheitet sich immer wieder, wie ich in verschiedenen Teilen der Welt bei allen Arten von Giftschlangen beobachten konnte. Der Beweis wurde von einer Anzahl ungewöhnlicher Männer und Frauen erbracht, die alle von demselben Grundprinzip ausgingen, das zu befolgen mich Strongheart gelehrt hatte: Die Voraussetzung für harmonische Beziehungen ist, daß sie erst geistig hergestellt werden.

Eine der interessantesten dieser seltenen Menschen war eine schmächtige und ausgesprochen bescheidene kleine Frau namens Grace Wiley, die bis zum Sommer 1948 in ihrem »Zoo zum Glücklichsein«, nicht weit von Long Beach, Kalifornien, Schlangengeschichte machte. Miss Wiley hatte eine lange Erfahrung als Herpetologin, und man hielt sie für eine der weltbesten Betreuer für Schlangen mit besonders schlechtem Ruf. In der Tat, je schwieriger, bösartiger und giftiger sie waren, um so lieber mochte sie sie. In ihrem Zoo konnte man fast jede bekannte Schlangenart finden – riesige Königskobras mit über 7 1/2 m Länge, ägyptische Kobras, Kreuzottern, Mokassinschlangen, Vipern, australische schwarze Mambas, grüne Mambas, Tigerschlangen, alle Arten von Klapperschlangen und viele andere.

Menschen aus aller Welt kamen, um die Sammlung zu besichtigen und Miss Wiley im Umgang mit den Schlangen zu beobachten.

Besucher durften die Schlangen unter ihrer Aufsicht anfassen. Sie kamen auch als Schüler zu ihr, um ihr zuzuhören, wie sie die Schlangen vom Standpunkt der Schlangen selbst aus darstellte. Während sie eine der tödlichen Schlangen liebevoll in ihren Armen hielt, zeigte sie den faszinierten Zuhörern, welch hervorragende, philosophische Lehrer und Gefährten Schlangen in Wirklichkeit sein können, wenn man ihnen die Gelegenheit dazu gibt. Sie beendete diese Gespräche gewöhnlich mit der Beobachtung, daß die Schlange tief in ihrem Herzen kein Störenfried, sondern von vornehmer Haltung ist und daß sie nur dann angreift, wenn jemand mit bösen Absichten in ihr Gebiet eindringt und sie in die Enge treibt, erschreckt oder verletzt.

Es war ein atemberaubendes Erlebnis, diese kleine, leise sprechende Frau dabei zu beobachten, wie sie diese Prinzipien mit allen Arten von gefährlichen Schlangen bewies. Dieser Teil ihrer Arbeit wurde in einem Zimmer durchgeführt, das als der »Besänftigungsraum« bekannt war, ein vollkommen leerer Raum mit einem massiven, rechteckigen Tisch genau in der Mitte. Die meisten Besucher hatten keinen Zutritt zu diesem Raum, wenn sie eine Schlange besänftigte, da dies zu gefährlich war, aber in einer der Türen befand sich eine Scheibe, durch die einige Bevorzugte beobachten konnten, was drinnen vor sich ging.

Von diesem sicheren Aussichtspunkt aus sieht man, wie Miss Wiley ruhig das Zimmer betritt, sich ans Ende des Tisches stellt und so bewegungslos wird wie der Tisch selbst. In jeder Hand hält sie einen sonderbaren Stock von ungefähr 1 m Länge. Einer dieser Stöcke hat an seinem Ende ein tassenförmiges Netz. Dieser Stock wird dazu benutzt, die Köpfe angreifender Schlangen aufzuhalten und zurückzustoßen. Das Ende des anderen Stocks ist mit weichem Stoff umwickelt und heißt »Streichelstock«.

Nun wird eine große Kiste, auf der überall Warnzeichen angebracht sind, in den Raum gerollt und auf den Tisch gestellt. Aus dem Inneren dringen laute, rasselnde, markerschütternde Geräusche nach außen und lassen auf die Anwesenheit einer Klapperschlange schließen. Auf ein Nicken von Miss Wiley hin wird der hintere Teil der Kiste hochgehoben und der vordere Teil ruckartig abgenommen, und Frau Schlange gleitet heraus in eine unbekannte Welt voller neuer Erfahrungen. Und was für eine Schlange! Sie ist über 2 m lang, wunderschön gezeichnet, voller Energie und so lebensgefährlich und bedrohlich, wie eine Schlange nur sein kann. Sie ist ein großartiges Exemplar aus der Familie der Diamantklapperschlangen, ein Neuankömmling aus dem Herzen von Texas, wo Schlangen ausgesprochen groß und robust werden.

Als die Schlange auf den Tisch aufschlägt, macht sie eine blitzartige Bewegung, fast zu schnell, um sie mit den Augen zu verfolgen, wobei sie sich schnell zusammenringelt und eine Verteidigungs- oder Angriffsposition einnimmt. Dieser riesige Kerl aus Texas ist bereit, gegen jeden und jedes ums Überleben zu kämpfen. Aber zu seinem offensichtlichen Erstaunen und seiner Verwirrung gibt es nichts, wogegen er kämpfen müßte. Da ist kein sich bewegender Angriffspunkt zu greifen. Nur die kahlen Wände und die bewegunglose Frau, die ihn ansieht. Der Kopf der Schlange schießt ängstlich in alle Richtungen und versucht festzustellen, aus welcher Richtung Gefahr kommen wird. Sein Schwanz macht heftige und warnende Klappergeräusche. Aber nichts geschieht; absolut nichts.

Warum tut Miss Wiley nichts mit den Stöcken in ihren Händen? Warum macht die Schlange mit ihrem lauten Klappern und Drohen, mit ihren Giftzähnen nicht den geringsten Angriff auf Miss Wiley?

Die Wahrheit ist, daß Miss Wiley *etwas* außerordentlich Wichtiges mit der großen Schlange gemacht hat, seit dem Augenblick, als sie aus der Kiste glitt, aber man sah es nicht, denn es war rein geistiger Natur. Was wirklich geschah, waren die ersten, tastenden Annäherungsversuche zweier unsichtbarer Individualitäten... zweier Bewußtseinszustände... von zwei verdutzten und neugierigen Verwandten, die dabei waren zu entdecken, daß sie im großen Plan und Sinn des Lebens wirklich miteinander verbunden sind.

Von dem Augenblick an, als Miss Wiley die große Schlange zum ersten Mal sah, hatte sie im stillen zu ihr gesprochen. Nach außen hin schien sie überhaupt nichts zu tun. Tatsächlich aber stellte sie die Macht und Effektivität ihrer Lieblingsregel bei allen Kontakten mit anderen Lebewesen unter Beweis: daß alles Leben, ungeachtet seiner Gestalt, Rangordnung oder seines Rufes, auf aufrichtiges Interesse... Respekt... Anerkennung... Bewunderung... Zuneigung... Sanftmütigkeit... Höflichkeit... gute Umgangsformen reagiert. Diese große Klapperschlange wurde mit diesen Eigenschaften in liebevoller Weise überschüttet, zweifellos zum ersten Mal in ihrem Leben.

Wären Ihre Ohren auf die stille, universelle Sprache des Herzens eingestimmt, hätten Sie dem Verlauf des wortlosen, guten Zuredens im einzelnen folgen können, das von Miss Wiley zu der Schlange floß, nicht zu einer »niedrigeren Lebensform«, sondern zu einem gleichberechtigten Gefährten des Lebensausdrucks. Und bei diesem freundlichen Gespräch hätten Sie unter anderem vernommen, wie Miss Wiley die Schlange für ihre vielen hervorragenden Eigenschaften lobte, ihr versicherte, daß sie absolut nichts zu befürchten hatte und ihr immer wieder zu verstehen gab, daß sie ganz einfach ein neues Zuhause bekommen hatte, wo sie immer anerkannt, geliebt und umsorgt werden würde. All dies übermittelte Miss Wiley ohne den geringsten Laut oder die kleinste Geste.

Nach einer Weile hätten Sie eine auffällige Veränderung in der Haltung der Schlange bemerkt. Das schnelle Klappern ihres Schwanzes wurde langsamer. Ihr Kopf, der schnell und nervös in alle Richtungen gestarrt hatte, richtete sich nun auf Miss Wiley, sogar obwohl sie die bewegungslose Frau nicht klar von der bewegungslosen Wand hinter ihr unterscheiden konnte. Der »Killer« aus Texas spürte nicht nur die freundlichen Gedanken und Gefühle, die in seine Richtung gesandt wurden, sondern reagierte tatsächlich darauf.

Während Miss Wiley weiterhin beruhigend auf die Schlange einspricht, aber nun mit leisen, sanften Tönen, werden Sie Zeuge, wie diese einzigartige Besänftigungstechnik ihren Höhepunkt erreicht. Sie würden sehen, wie sich die große Schlange langsam und vorsichtig zu ihrer vollen Länge auf dem Tisch ausstreckt und ihren Kopf schließlich einige Zentimeter vor Miss Wiley auf den Tisch legt. Dann bewegt sich Miss Wiley zum ersten Mal, indem sie langsam beginnt, den Rücken der Schlange sanft zu streicheln, zu Anfang mit dem weichen Streichelstock und dann, da es keinen Widerstand gab, mit ihren bloßen Händen. Und während Sie diese fast unglaubliche Darbietung beobachten, sehen Sie, wie die Schlange ihren langen Rücken wie eine Katze krümmt, um das liebevolle Streicheln noch besser zu spüren.

Genau in dem Augenblick dieser liebevollen Zuwendung ist eine weitere »tödliche Giftschlange« zu einem angesehenen Mitglied des »Zoos zum Glücklichsein« geworden. Miss Wiley hat wieder einmal gezeigt, daß das Gute in jedem Lebewesen, ungeachtet seines Aussehens, vorhanden ist und nur geweckt zu werden braucht, indem man ihm auf sanfte Weise Respekt zollt und ihm mitfühlendes Verständnis, Freundlichkeit und Liebe entgegenbringt.

## 22

# Indianische Ponys

Als ich ein Junge war, gab es nur wenige Filme, die mich mehr interessierten als solche von Indianern, die in rasender Geschwindigkeit auf ihren Ponys durch den rauhen Wilden Westen reiten. Ich fragte mich, wie es den Indianern gelang, auf dem Rücken ihrer Pferde zu bleiben und sie ohne Zügel, Sattel oder Decken zu lenken. Ich fragte mich, warum sie nicht über den Kopf oder den Schwanz des Tieres rutschten oder in irgendeiner anderen Weise bei einer plötzlichen Veränderung des Tempos und der Richtung vom Pferd stürzten.

Später beobachtete ich Indianer, die in der berühmten Buffalo Bill Wild West Show ritten, aber selbst aus nächster Nähe konnte ich nicht erkennen, wie sie auf dem Pferd blieben, während sie in voller Geschwindigkeit durch die Kurven ritten und plötzliche Kehrtwendungen machten. Als die Jahre vergingen, hatte ich die Gelegenheit, viele Reisen nach Nah und Fern zu machen. Ich hatte den Vorzug, fast jede Art von Reiter in Aktion zu sehen; aber trotz all dieser Erfahrung konnte ich mir dennoch nicht vorstellen, wie die Indianer ihre Pferde mit solcher Anpassung und solchem Rhythmus ohne Zügel oder Sattel ritten.

Schließlich hatte ich Gelegenheit, Indianern in ihrem eigenen Land zu begegnen, und ich konnte sie dazu bringen, mir einige Geheimnisse der alten Indianerkunst, in einer freundlichen Übereinstimmung mit der ganzen Schöpfung zu leben, zu enthüllen. Aber sie teilten ihr

Geheimnis erst dann mit mir, nachdem ich eine Art Probezeit durchgemacht hatte. Die Indianer prüften dann gründlich meinen Charakter und meine Motive. Schließlich wurde mir durch das unsichtbare Tor, das den echten Indianer mit seiner großen Weisheit vom weißen Mann trennt, Einlaß gewährt. Ich mußte lernen, daß man nicht an der Seite eines Indianers gehen kann, wenn man nicht in einem geistigen und spirituellen Rhythmus mit ihm geht.

Ich schloß »Seelenfreundschaft« mit einem ungewöhnlich vielseitigen Indianerhäuptling. Er war genau so, wie ein Mann in seiner Position sein sollte. Er spielte seine Rolle auf der irdischen Bühne perfekt; er war in jeder Hinsicht ein Gewinn für seine Rasse, seinen Stamm und die Welt, die er in so unvergeßlicher Weise mit seiner Anwesenheit auszeichnete. Die Indianer bewunderten und verehrten ihn besonders wegen seiner hohen Moral und seines »Schauens«, das heißt seiner Fähigkeit, hinter die Ursachen und Wirklichkeiten der Sinnesphänomene zu blicken. Er war auch hoch angesehen wegen seiner Weisheit... Zurückhaltung... seiner körperlichen Zähigkeit... Furchtlosigkeit... Führungsqualitäten und seiner Kunstfertigkeit, Pferde ohne Sattel zu reiten. Auf dem Rücken eines dieser Ponys in Bewegung war er einfach großartig. Ihm beim Reiten zuzusehen war ein Erlebnis, für das man dankbar war.

Bis ich den Punkt erreicht hatte, daß ich mich mit ihm in der allumfassenden Sprache unterhalten konnte, die nicht in Worten ausgedrückt werden muß, fand die Unterhaltung zwischen dem Häuptling und mir hauptsächlich in Zeichensprache mit Hilfe eines Dolmetschers statt. Der Häuptling sprach nur sehr wenig Englisch, und selbst wenn er sich in seiner eigenen indianischen Sprache unterhielt, waren es wenige Worte, sorgfältig gewählt, mit langen Pausen und besonnen. Ein viel größeres Interesse hatte er daran, der stillen, universalen Sprache zu lauschen, die ständig und überall durch alles Lebende zu ihm sprach.

Eines späten Nachmittags, als der Häuptling, der Dolmetscher und ich im Schoß von Mutter Erde saßen und einen wunderbaren Sonnenuntergang beobachteten, ließ ich den Häuptling durch den Dolmetscher fragen, ob er mir das Geheimnis der Indianer preisgeben würde, wie man ein Pony ohne Zügel, Sattel oder Decke reitet. Meiner Frage folgte dann tiefe Stille, die über eine Stunde dauerte. Dann polterten ein paar Worte aus ihm heraus. Der Dolmetscher wandte sich zu mir. »Der Häuptling sagt, daß du eine gute Frage gestellt hast«, sagte er. Danach verfiel der Häuptling wieder in ein langes Schweigen. »Ist das alles?« fragte ich schließlich den Dolmetscher. Er nickte.

Immer, wenn wir drei nach dieser Begebenheit zusammen waren, fand ich irgendeinen Vorwand, um den Häuptling zu fragen, wie man ohne Sattel reitet. Aber ich bekam nie eine Antwort. Damals verstand ich dies nicht. Später erkannte ich, daß er meinen Charakter einer Prüfung unterzog.

Eines Tages, ais ich vergessen hatte, meine Lieblingsfrage zu stellen, wollte der Häuptling völlig unerwartet wissen, warum ich mich für das indianische Ponyreiten interessierte. Ich ließ ihm durch den Dolmetscher sagen, daß ich aufgrund dessen, was mich der Hund Strongheart über Beziehungen zu Tieren gelehrt hatte, versuchte, alles über das geheimnisvolle Band zu erfahren, das alle

Geschöpfe in einer untrennbaren und harmonischen Gemeinschaft verbindet. Ich sagte ihm, daß das Geheimnis des Ponyreitens mir in dieser Hinsicht weiterhelfen könnte.

Für eine Weile saßen wir drei still da. Dann begann der Häuptling, langsam in seiner eigenen Sprache in Richtung zum Horizont zu sprechen. Als er zu Ende war, begann der Dolmetscher zu sprechen. »Der Häuptling läßt dir sagen, daß du, um das, was du ihn gefragt hast, voll und ganz verstehen zu können, als Indianer geboren, von Indianern erzogen und mit einem indianischen Pony als dein Bruder aufgewachsen sein müßtest. Dann würdest du das Große Geheimnis verstehen. Du wärst ein Teil des großen Geheimnisses. Aber er wird dir in Zeichensprache etwas darüber sagen, und du sollst zusehen, was du davon aufnehmen kannst.«

Der Häuptling hielt seine zwei kräftigen Hände mit den Handflächen in meine Richtung. Nach einer Pause legte er sie vor seinem Gesicht sanft aufeinander wie zum Gebet. Wieder eine Pause. Dann faltete er seine Finger, bis die Fingerspitzen auf den Handrücken ruhten. Dann stellte er die beiden Zeigefinger auf, so als ob sie ein Finger wären. In dieser Haltung beschrieb er mit den Händen einen vollen Kreis, hielt schließlich wieder vor seinem Gesicht an und blickte mich fragend an.

Aus seiner rhythmischen Zeichensprache hatte ich folgendes entnommen: Als der Häuptling seine beiden Hände in meine Richtung hielt, wußte ich intuitiv, daß eine von ihnen einen Indianer und die andere ein Pony symbolisierte. Als sich seine beiden Hände vor seinem Gesicht berührten, bedeutete dies eine freundliche und verständnisvolle Verbindung zwischen Indianer und

Pony. Als sich die Finger kreuzten und auf die Handrükken legten, war dies ein Zeichen für eine wechselseitige Beziehung all ihrer Interessen. Als sich die beiden Zeigefinger aufrichteten, repräsentierte dies »Gemeinsamkeit«, die zu einer »Einheit« verschmolz. Und als er mit seinen Händen in dieser Position einen vollen Kreis beschrieb, war dies ein Hinweis darauf, daß der Indianer und das Pony in ihrem Geist, Herzen, Körper und ihrer Absicht eins waren. Der Übersetzer sagte mir, daß ich es »gut erfaßt« hatte.

Immer, wenn der Häuptling einem Tier oder irgendeinem anderen Lebewesen begegnete, hielt er an und stellte einen geistigen Kontakt mit ihm her. Obwohl sich der Körper des Häuptlings auf der Erde bewegte, drangen sein Geist und seine Seele in den grenzenlosen Raum ein, der alle Geschöpfe in einer allumfassenden Gemeinschaft umgibt, in der alle Dinge im göttlichen Plan und der göttlichen Absicht notwendig sind. Es war der Große Geist, der ihm als sein Weggefährte, Ratgeber, Führer und Helfer stets zur Seite stand und ihm half zu verstehen und sich im Rhythmus mit der ganzen Schöpfung zu bewegen.

Der Häuptling liest niemals Bücher, Zeitschriften oder Zeitungen. Er hört nie Radio und sieht niemals fern. Wann immer er die neuesten Nachrichten erfahren möchte, neue Weisheit, geistige Zerstreuung, spirituelle Nahrung oder eine klarere Sicht in Hinsicht auf ein spezielles Problem braucht, greift er auf das zurück, was er die »Große Bibliothek« nennt. Andere Menschen nennen es das Universum. Die »Werke«, die er in dieser Bibliothek zu Rate zieht, sind die Sonne, der Mond, die Sterne, die Wolken, alles, was wächst, sein Lieblingspony und alle möglichen anderen belebten und unbelebten Dinge. Er konsultiert sie mit Demut, Offenheit und tiefer Ehrfurcht. Aus seiner reichhaltigen Lebenserfahrung hat er gelernt, daß der Autor, der aus jedem dieser lebendigen Manuskripte spricht, der Große Geist ist.

## 23

# Der Goldene Faden

Nachdem ich den Indianerhäuptling kennengelernt hatte, begegnete ich einem anderen Häuptling, nämlich einem Beduinen der arabischen Wüste. Man würde diese beiden Männer, die Tausende von Kilometern voneinander entfernt leben, selbstverständlich für völlig Fremde halten. Doch sie teilen eine gemeinsame Sicht und bewegen sich fast genau in denselben geistigen, spirituellen und physischen Rhythmen. Das Leben beider ist durch den gleichen Goldenen Faden miteinander verbunden.

Ich wünschte, es wäre möglich, daß Sie, die beiden Häuptlinge und ich mit untergeschlagenen Beinen auf dem Boden sitzend, ein gutes Gespräch miteinander führen könnten. Es wäre eine sich lohnende Gelegenheit, das garantiere ich, aber es würde große Überredungskunst erfordern, diese beiden Häuptlinge zu einem Gespräch zu bringen. Beide sprechen so wenig wie möglich und sehen mehr Vorteil darin, sich in Schweigen zu hüllen und auf die Stimme des Lebens zu horchen.

Wir könnten unser Gespräch damit in Gang bringen, daß wir dem Beduinenhäuptling Fragen über die weltberühmten Araberpferde und Kamele stellen, die er züchtet. Vielleicht würde er uns das Geheimnis offenbaren, wie er und seine Tiere ihr fast unvorstellbares gegenseitiges Verständnis und ihre unglaubliche Zusammenarbeit zustande bringen.

Mit sanften und bescheidenen Worten würde uns der Beduine den Grund für seinen Erfolg mit Pferden und Kamelen enthüllen. Grundsätzlich liegt er in der positiven

Art des Denkens über sie. Dieses Denken geht ihm voraus, wenn er sich auf sie zubewegt, es bleibt, wenn er sich bei ihnen befindet, und es bleibt auch wie ein Segen, nachdem er sie verlassen hat.

Seine Gedanken bringen Aufrichtigkeit... Ehrlichkeit... Bewunderung... Anerkennung... Achtung... Zuneigung... ein Gefühl der Verbundenheit... Demut... Selbstlosigkeit... Mitgefühl und den Wunsch, sein Bestes – und nur sein Bestes – mit seinen Tieren zu teilen, zum Ausdruck. Die Pferde und Kamele spüren den Einfluß dieser positiven Gedanken, noch bevor der Körper des Häuptlings in Sicht ist.

In allem, was er über seine Pferde und Kamele sagte, sah er sie geistig und spirituell als gleichberechtigt mit ihm selbst. Er betrachtete sie als »himmlische Geschöpfe«, und er sprach niemals von einem seiner Tiere, ohne in irgendeiner Weise den göttlichen Qualitäten in ihm Tribut zu zollen. Infolgedessen reagierten die Pferde und Kamele mit den besten Eigenschaften, die ihrem Herzen innewohnten, auf ihn, sowie mit den besten Eigenschaften, die sie in ihrer Tätigkeit geben konnten.

Wenn wir den Häuptling fragen würden, auf welche Weise er dieses außergewöhnliche Wissen über Tiere erlangt hat, hätte er geantwortet, daß es von der einzig möglichen Quelle stammt, nämlich Gott. Gott mit seiner unendlichen Weisheit, Macht und Absicht, der das Universum durchdringt; und er würde uns sagen, daß er Gott durch alle Dinge leuchten sieht und seine Weisheit durch alles Lebende sprechen hört. Dann hätte der Beduine seine Hände vor seinem Gesicht gefaltet, ein kurzes Gebet geflüstert und sich segnend in unsere Richtung geneigt.

Da wir den Indianerhäuptling dazu gebracht hatten, uns einige seiner Erfahrungen mitzuteilen, würde uns klarwerden, wie eng verbunden diese beiden Menschen miteinander sind so wie sie mit Tieren als intelligenten Mitgeschöpfen umgehen und sie wie Freunde, Angehörige und gleichwertige Partner in allem, was sie tun, behandeln. Ebenso gleichen sie sich in ihrem Bemühen, alles Negative von ihren Beziehungen zu Tieren fernzuhalten, indem sie dafür sorgen, daß nicht das Geringste ihren gemeinsamen Interessen entgegenwirkt... ihrer gegenseitigen Loyalität... ihrer gegenseitigen Rücksichtnahme... ihren gemeinsamen Erfolgen.

Hätten wir den Indianerhäuptling sowie den Beduinen gefragt, wie er zu seinem ungewöhnlichen Wissen kam und wie er die Fähigkeit erlangt hat, dieses Wissen anzuwenden, daß es auf diese Weise wirkt, würde er uns auf den Großen Geist verweisen. Mit ein paar sorgfältig gewählten Worten und einigen symbolischen Gesten hätte er uns dann versichert, daß, wenn jemand das »richtige Sehen« und ein »reines Herz« hat, er überall und in allem den Großen Geist erkennen kann, wie er allen Dingen Leben einhaucht, alle Dinge aus derselben Substanz erschafft und seine Weisheit durch sie sprechen läßt. Auf diese Weise verleiht er allem, was lebt, nicht nur göttliche Bedeutung, einen höheren Sinn und Zweck, sondern er macht auch alle Lebewesen zu Brüdern in der großen Gemeinschaft der Schöpfung.

Natürlich ist die Erkenntnis des Beduinen und des Indianers, daß sich Tiere geistig und spirituell auf derselben Ebene befinden wie Menschen, und man auf dieser Ebene mit ihnen kommuniziert, nicht neu. Hiob empfahl dieselbe Methode schon vor vielen Jahrhunderten:

Rede zur Erde, sie wird dich lehren
Frag die Vögel, sie werden es dir erzählen
Die auf der Erde kriechende Tierwelt wird dich unterweisen
Die Fische des Meeres können davon reden
Denn all diese wissen es, es ist der Weg des Ewigen,
in dessen Händen das Schicksal jeder lebenden Seele liegt.

Ijob. 12: 7–10

Keiner unserer beiden Häuptlinge hat jemals die Bibel gelesen oder von Hiob gehört. Und doch befolgte jeder von ihnen in weit voneinander entfernten Teilen der Welt mit Erfolg Hiobs Rat. Der Beduine und der Indianer gingen in der Tat »zu den Tieren« und »den Vögeln« und »den Kriechtieren«, um Weisheit, Sicherheit und Führung in »den Wegen Gottes« zu finden.

24

# Der Zephyr

Wann immer ich an die bedeutsamen Unterweisungen denke, die mir Tiere erteilt haben, verspüre ich eine besondere Dankbarkeit gegenüber einem weisen, kleinen Philosophen, der eine Zeitlang mein heimlicher Gefährte und Privatlehrer war. Unsere Freundschaft war deshalb geheim, weil dieser Gefährte und Abenteurer zufällig ein Skunk war. Keine gezähmte Art, sondern ein Stinktier, das ein kühnes und unabhängiges Leben mit großem Talent und Erfolg führte, wenn man eine allgemeine Mißbilligung berücksichtigt.

Sein Name war Zephyr. Irgendwo in den Hügeln in er Nähe meines Hauses hatte er ein gutes Versteck, wo er seine Tage sicher verbringen konnte, ohne erschossen zu werden. Fast jeder in der Nachbarschaft haßte ihn wegen seiner nächtlichen Besuche und fürchtete ihn wegen seines Geruchs.

Zephyr war darauf spezialisiert, sich in Gärten, Kellern und Garagen auf der Suche nach Nahrung und Abenteuer herumzutreiben. Dies brachte ihn natürlich häufig in Konflikt mit den Nachbarn. In der Dunkelheit verwechselten sie ihn oft mit einer großen Katze, und sie verwendeten recht taktlose Methoden bei dem Versuch, ihn zu vertreiben, was schlimme Folgen für sie hatte. Sie wandten fast jede bekannte Methode an, um seinem Leben ein Ende zu setzen, aber keine war erfolgreich. Mit seiner Verteidigungs- und Angriffstechnik war er einfach zu gerissen für sie.

Meine erste Begegnung mit Zephyr fand eines Nachts hinter dem Haus statt. Er hatte gerade die Mülltonne umgekippt und untersuchte ihren Inhalt. Als er mich hörte, drehte er sich mit einem Satz um und machte sich für alles bereit. Ich stand ganz ruhig, so wie es mir die anderen Tiere beigebracht hatten, und begann freundlich und leise zu ihm zu sprechen. Ich versicherte ihm, daß er willkommen war und schlug ihm vor, daß er mit seiner Beschäftigung ruhig weitermachen sollte, während ich mich auf den Boden setzte und den Abend genoß.

Er machte keine einzige Bewegung, außer mit seinen stechenden, durchdringenden und berechnenden kleinen Augen. Aber ich wußte, was in ihm vorging. Er unterzog mich einer genauen Prüfung. Er spürte die geistige Atmosphäre, die ich in seine Richtung ausstrahlte und schätzte meine Motive und Absichten ein. Schließlich drehte er sich um und widmete dem Müll wieder seine volle Aufmerksamkeit. Nicht ein einziges Mal blickte er sich um, um nachzusehen, was ich tat. Vermutlich hatte er gehört und akzeptiert, was ich ihm geistig mitgeteilt hatte.

Als er mit dem Müll fertig war, kam er ungefähr bis auf ca. einen Meter an mich heran und machte es sich bequem. Er und ich ließen alle geistigen Schranken fallen und öffneten unser Herz füreinander und entspannten uns. Ich ließ nur meine besten Gedanken in seine Richtung fließen und konnte spüren, wie sein bestes Verständnis zu mir zurückströmte.

Zephyr wurde ein regelmäßiger, nächtlicher Besucher. Da er sehr wohl wußte, wie unbeliebt er war, kam er niemals am Tag von den Hügeln herunter. Er tauchte zu fast jeder Stunde zwischen Sonnenuntergang und Sonnenaufgang hinter dem Haus auf, wobei er besondere Laute von sich gab, um mich wissen zu lassen, daß er da war. Nach einigen Wochen brachte er seine Frau mit und später eine ganze Schar von kleinen Zephyrs.

Ich nutzte diese ungewöhnliche Gelegenheit und ernannte die ganze Zephyr-Familie zu meinen Lehrern. Wir benutzten denselben Lehrplan, der sich bei mir und Strongheart als so erfolgreich erwiesen hatte. Ich suchte nach Charakterstärken bei meinen Skunklehrern und studierte sorgfältig, was sie in ihrem Leben von Augenblick zu Augenblick mit diesen Qualitäten anfingen.

Es war eine fortlaufende Offenbarung. Ich hatte keine Vorstellung davon gehabt, daß Stinktiere so hervorragende Eigenschaften besitzen, eine so bewundernswerte Moral und soziale und ethische Werte. Sie funktionierten als Familie, ohne daß sich die Eltern oder Kinder irgendeiner Pflichtvergessenheit schuldig machten. Ich war voller Bewunderung und Achtung für sie. Ihr Verhalten brachte gegenseitige Liebe, Rücksicht, Verständnis und Vertrauen zum Ausdruck. Sie alle teilten den Wunsch, sich in allen Lebensphasen gegenseitig zu helfen.

Während mein Skunkabenteuer seinen Lauf nahm, begleitete ich einen Freund auf eine Konferenz, die einberufen worden war, um in »der schweren Krise in den zwischenmenschlichen Beziehungen« etwas zu unternehmen. Es kamen Delegierte aus allen Teilen Amerikas. Viele Redner traten auf, und jeder hatte ein spezielles Heilmittel für die Situation. Aber keiner von ihnen schenkte der geistigen Haltung in den Fallbeispielen, die sie erörterten, Beachtung. Es war so, als ob sie verschiedene Vorschläge machen würden, in welcher Farbe man die Wasserpumpe des Dorfes streichen sollte, um die Wasserversorgung zu verbessern.

Auch das Publikum wurde nach seiner Meinung gefragt. Ich machte den Vorschlag, daß wir zur Lösung unserer Beziehungsprobleme Hilfe außerhalb der engen Grenzen der menschlichen Rasse suchen sollten. Dann berichtete ich kurz von einigen meiner Erfahrungen mit Tieren, Schlangen, Vögeln, Insekten und anderen nichtmenschlichen Wesen, die meine Lehrer gewesen waren.

Nach der Konferenz sagte mir ein Rechtsanwalt aus Los Angeles, der einer der Vorsitzenden gewesen war, daß er, obwohl ihm meine ausgefallenen Ideen gefallen hatten, weil sie völlig neu waren, meiner »radikalen Feststellung« nicht zustimmen könne, daß alle Tiere ein wertvolles Wissen über Beziehungen besitzen, von dem die Menschen lernen können. Ich fragte ihn, welches Tier seiner Meinung nach diese Qualität nicht besitzt. »Skunks!« platzte er heraus, gefolgt von einer wirklich bitteren Schimpftirade gegen Stinktiere. Scheinbar hatte er vor einigen Jahren einen aussichtslosen Kampf gegen ein Stinktier geführt, und seitdem haßte er diese Tiere. Er bestand darauf, daß es noch niemals ein Stinktier gegeben haben könnte und es auch niemals soviel Charakter und Intelligenz besitzt, um nicht einmal dem dümmsten Menschen etwas beibringen zu können.

Als Antwort bot ich ihm für jede hervorragende Eigenschaft eines Stinktiers, die er finden konnte, eine Prämie von einem Dollar an. Ich wußte, daß er mit seiner Fähigkeit, den Dingen auf den Grund zu gehen, eine Menge guter Eigenschaften finden und eine Stange Geld verdienen würde. Er schnaubte irgendeine höfliche Bemerkung, und damit war die Diskussion beendet. Es war Zeit fürs Dinner.

Aber (wie er mir später erzählte), dreht sich mein

Vorschlag von einem Dollar für jede gute Charaktereigenschaft eines Stinktiers wie ein hinterhältiger Werbeslogan in seinen schlaflosen Gedanken. Am nächsten Morgen fragte er in seiner Kanzlei seine Sekretärin unter strengster Vertraulichkeit, wo er etwas über Stinktiere herausfinden könnte, ohne sich dorthin begeben zu müssen, wo diese Tiere leben. Sie schlug ein Buch vor. Er fragte sie, ob sie glaubte, daß jemals irgend jemand sich so viele Gedanken über Stinktiere gemacht hatte, um ein Buch über sie zu schreiben. Sie wußte es nicht, aber sie konnte es sich vorstellen. Später kehrte sie mit einigen Büchern und Zeitungsausschnitten aus der Leihbücherei zurück.

Nach ein paar Tagen rief mich der Rechtsanwalt an und entschuldigte sich für die unhöflichen Dinge, die er über Stinktiere gesagt hatte. »Ich habe mich mit der Sache beschäftigt«, sagte er, »und ich habe meine Meinung korrigiert. Es ist eine Tatsache, daß ich relativ wenige Menschen kenne, die meiner Meinung nach den Anspruch haben, ein Stinktier genannt zu werden.«

Die Stinktiere hatten ihm, wie sie es auch für mich getan hatten, einen Weg eröffnet, eine völlig neue Bedeutung im Leben und in der Gemeinschaft zu finden.

## 25

# Seltsame Partner

Ich habe einen wunderwirkenden Freund, der die meiste Zeit seiner Forschungsarbeit in den vier Wänden seines Chemielabors in der Nähe von Pasadena, Kalifornien, verbringt. Sein Name ist J. William Jean, und er hat einen beträchtlichen Ruf erlangt, nicht nur für viele ungewöhnliche und nützliche Dinge, die er herstellt, sondern auch für seine Fähigkeit, scheinbar unlösbare Probleme für die Erdöl-, Gummi-, Flugzeugindustrie und andere bedeutsame Industriezweige zu lösen.

Für die meisten seiner Kollegen ist Jean ein recht mysteriöser Zeitgenosse. Was ihn dazu macht, ist seine Fähigkeit, Resultate zu erzielen, die ihnen selbst unmöglich sind, selbst wenn sie die gleichen Formeln und dieselbe Ausrüstung verwenden und, zumindest nach außen hin, ihre Arbeit genauso machen wie er.

Da auch mich diese Tatsache neugierig machte, verbrachte ich ziemlich viel Zeit im Labor meines Freundes, beobachtete ihn bei der Arbeit, hörte seinen Gedanken zu und versuchte herauszufinden, in welcher Beziehung er zu den Bakterien und anderen Mikroorganismen stand, mit denen er gerade arbeitete. Ich hatte nur ein sehr begrenztes Wissen über Chemie, und die Lebensformen, mit denen sich mein Freund beschäftigte, waren nur einige Tausendstel von Millimetern groß, aber allmählich begann ich, dem Rätsel auf die Spur zu kommen und sein Geheimnis zu enthüllen.

Sein Erfolg basierte auf folgenden Grundsätzen. Der

erste war seine feste Überzeugung, daß alle Dinge, ungeachtet wie wir Menschen sie gewöhnlich definieren und einordnen, Gottes Absicht der Verwirklichung sind. Die zweite Voraussetzung war seine geistige Haltung gegenüber seinen winzigen Geschäftspartnern, eine Einstellung, die voller Freundlichkeit, Bewunderung, Anerkennung, Ermutigung und grenzenloser Erwartung war. Die dritte Grundlage war seine Fähigkeit, diese Lebewesen in seinem Geist und Herzen zu verstehen und mit ihnen zusammenzuarbeiten. Die vierte war die spontane Reaktion der Bakterien und seiner anderen mikroorganischen Gefährten auf diese Behandlung.

Nur selten bin ich Zeuge geworden, wie effektiv die goldene Regel für beide Beteiligten funktioniert. Und es war eine völlig neue Erfahrung für mich, daß sich diese Regel zwischen einem Menschen und Mikroorganismen bewahrheitete. Ich kam immer wieder zurück, um mehr darüber zu erfahren. Hier war ein weiser Mann, der gelernt hatte, daß die wirkungsvollste Methode, die richtige Beziehung zu einem Lebewesen herzustellen, darin besteht, nach dem Besten in ihm zu suchen, und es dann darin zu unterstützen, diese Qualitäten zu ihrem größtmöglichen Ausdruck zu bringen. Infolgedessen wandten sich ihm Millionen von einzelligen und für das bloße Auge unsichtbare Organismen mit einer Begeisterung zu, die in ihrer Wirksamkeit ebenso verblüffend war wie in ihren Folgerungen.

Bestimmte Einstellungen und Motive von Jean spielten bei seiner Arbeit eine bedeutende Rolle. Trotz dem Streß, den Spannungen und Schocks des Alltags befand sich Jean stets in einem Zustand größter Entdeckerfreude, höchster Freude darüber, ein Teil des Lebensabenteuers zu sein, und er lebte in freundlicher Verbundenheit mit allen Lebewesen. Trotz gewisser Anzeichen für das Gegenteil betrachtete er das Universum als eine im höchsten Maße wohldurchdachte, gut organisierte und von Grund auf großartige Einheit. In dieser Einheit waren die Bakterien und andere Mikroorganismen als vollkommen gleichwertige, mitarbeitende Geschöpfe eingeschlossen.

Jeans Vater war ein erfolgreicher Bauingenieur, der seinem Sohn vier Lebensregeln beigebracht hatte. Die erste war, alle Lebewesen zu respektieren. Die zweite: verständnisvoll und tolerant zu sein. Die dritte: niemals zu vergessen, daß jedes Lebewesen eine besondere und notwendige Aufgabe im universellen Plan und in der göttlichen Absicht zu erledigen hat. Die vierte: wann immer möglich, helfend einzugreifen.

Eine Zeitlang war auch Jean als Bauingenieur tätig gewesen und hatte Hunderte von Menschen bei großen Aufträgen beschäftigt. Anstatt sie als seine Angestellten zu behandeln, wie so viele Arbeitgeber, behandelte er sie alle wie Partner. Er befolgte den Rat seines Vaters und nahm sich die Zeit, sich für ihre Probleme zu interessieren. Er war darauf bedacht, wo immer es ihm möglich war, zu helfen, und er erlebte immer wieder, wie lohnenswert die goldene Regel sein kann, wenn sie nicht nur reine Theorie bleibt, sondern in die Tat umgesetzt wird.

Eines Tages beschloß er, daß er nun lange genug im Baugeschäft tätig gewesen war. Die Chemie öffnete ihm eine neue Tür – eine Tür, die in Bereiche führte, die ebenso faszinierend wie geheimnisvoll waren. Und so wurde er ein Forschungsingenieur, und sein Labor verwandelte sich in eine Art magischen Teppich, auf dem er über die herkömmlichen Grenzen hinausfliegen und die verborgene Arbeitsweise des größten aller Chemiker erforschen konnte, nämlich Mutter Natur.

Bei seinen chemischen Forschungen verwendet Jean dieselben Methoden mit seinen Bakterien und anderen Mikroorganismen wie bei seinen Mitmenschen, als er noch im Baugeschäft tätig war. In letzterem Falle wendete er die goldene Regel bei jedem Projekt an, indem er seinen Mitarbeitern sein Bestes gab und das Beste von ihnen bekam. Dasselbe macht er nun mit den Bakterien und anderen Mikroorganismen, wobei er die goldene Regel in jedem Detail seiner Arbeit mit ihnen anwendet.

Natürlich wurde mir klar, daß Jean praktisch das gleiche Beziehungsmuster zu seinen Mikroorganismen herstellte, wie es mich Strongheart gelehrt hatte. Es war dasselbe Verhalten, das Grace Wiley ihren Giftschlangen gegenüber zeigte. Dasselbe Verhalten, das der Indianerhäuptling bei seinen wilden Ponys verwendete und ebenso der Beduine bei seinen Araberpferden und Kamelen.

Wie all diese Menschen machte Jean praktischen Gebrauch von unsichtbaren Brücken, um einen freundlichen und nutzbringenden, wechselseitigen Gedankenverkehr herzustellen. Geistige Brücken, die sich von ihm als einem intelligenten Lebensausdruck zu den Bakterien und den anderen kleinen Kameraden als ebenfalls intelligenten Lebensformen spannten. Intuitive Brücken, die aus einer Sprache bestanden, die keine Worte braucht, und über die er und die winzigen Geschöpfe ihre Gedanken ungehindert aussenden, empfangen und einander mitteilen konnten. Brücken von Herz zu Herz, mit deren Hilfe Jean sich ständig auf sie einstellen konnte, anstatt zu fordern, daß sie sich ihm anpaßten.

Infolge all dessen erlangte Jean ein bemerkenswertes Wissen über seine unsichtbaren, aber höchst wirkungsvollen Mitarbeiter. Er versteht ihre Lebenseinstellung, ihre Handlungsweisen, ihre Vorlieben und Abneigungen und sogar ihren Ehrgeiz. Er weiß, was sie für ihr Wohlbefinden brauchen, für ihren geistigen Frieden und um sich voll verwirklichen zu können. Jean stellt ideale Lebensbedingungen für die Bakterien her, indem er sie mit soviel Rücksicht behandelt, wie er Menschen entgegenbringt, vor deren Intelligenz und handwerklichem Können er den größten Respekt hat. Und seine verständigen kleinen Freunde tragen nun ihrerseits begeistert ihr Bestes, zu dem sie fähig sind, bei.

Aus dieser gegenseitigen Anwendung der goldenen Regel heraus, die alle Lebewesen durch das Gefühl der Aufrichtigkeit, der Gemeinschaft, Bewunderung, Loyalität, der beidseitigen Begeisterung und dem hingebungsvollen Dienst am Nächsten verbindet, gehen alle möglichen neuen und nützlichen Produkte zum Wohle der Menschheit hervor.

## 26

# Regenwürmer

Es war ein Sommertag in einem stillen und duftenden Garten in Südkalifornien, einer von den Tagen, wo die einzige Sache, die es sich lohnt zu tun, »Nichtstun« heißt. Die Lehnen von zwei bequemen Sesseln waren genau im richtigen Winkel zum Faulenzen zurückgestellt, und zwei Paar Füße lagen auf einem massiven Tisch. Die bloßen Füße gehörten mir, die Füße in Reitstiefeln einem Freund namens Axel Steen, einem Bauingenieur, Erfinder, Bakteriologen und einer Autorität für natürliche Energiequellen.

Wir unterhielten uns über das im allgemeinen wenig gewürdigte Gute, das Tiere für die Menschen über die Jahrhunderte hinweg getan haben. Ich fragte Steen, welches Tier seiner Meinung nach in dieser Hinsicht am nützlichsten gewesen war. Für diese Frage war er der Richtige, denn er ist ein weitgereister Mann, ein geübter Beobachter und hat einen wachen analytischen Verstand.

»Das ist ganz einfach«, sagte Steen, ohne lange nachzudenken. »Das nützlichste Tier ist der Regenwurm.«

»Der Regenwurm?« fragte ich.

»Genau der«, erwiderte er. »Es gibt kein Tier im Reich der Tiere, das den Regenwurm in seiner Nützlichkeit übertreffen kann. Als Wohltäter der Allgemeinheit ist er eine Klasse für sich. Wenn du es nicht glaubst, komm hinaus auf die Ranch und sieh selbst.«

Einige Tage später besuchte ich ihn auf seiner Ranch

am Fuße der Berge, die ungefähr eine Autostunde entfernt liegt, wo ich feststelle, daß er ganz für sich wissenschaftliche Experimente mit Regenwürmern über längere Zeit hinweg durchgeführt hatte und zu fast unglaublichen Resultaten mit ihnen gelangt war. Was ich dort sah, bestätigte das, was er über Regenwürmer gesagt hatte. Es machte mich so demütig und erweiterte meine Erkenntnisse so sehr, daß ich immer wieder zurückkehrte, um mit den Regenwürmern vertrauter zu werden und mich von ihnen in der Lebenskunst unterrichten zu lassen, was seitdem mein Leben um vieles bereichert hat.

Die einzigen Würmer, die ich bis zu diesem Zeitpunkt kennengelernt hatte und denen ich bisher begegnet war, waren Würmer, die ich an Angelhaken befestigte oder aus dem Weg schaffte, um nicht auf sie zu treten. Aufgrund der vielen Irrtümer, die ich über sie gelernt hatte, verabscheute ich Würmer zutiefst. Nur der Anblick eines Wurms erregte Ekel und Abscheu in mir.

Unter der fachkundigen Führung meines Freundes Steen jedoch lernte ich Hunderte dieser unscheinbaren Geschöpfe kennen und konnte sie bei der Arbeit beobachten. Steen nahm mich in ein besonderes Labor mit, wo er die meisten seiner Experimente durchführte. Dort nahm er aus einem der vielen Behälter ein paar Würmer mit der Hand heraus und legte sie sanft auf einen Erdhaufen auf einen großen Tisch, so daß ich sie von nächster Nähe beobachten konnte.

»Sie sind nicht besonders ansehnlich«, sagte Steen ziemlich nachdenklich, »aber wenn du sie sorgfältig beobachtest und aufgeschlossen bist, wirst du erkennen, warum diese kleinen Gefährten so wichtige Wohltäter sind und warum sie für uns Menschen, besonders zum gegenwärtigen Zeitpunkt, von so wesentlicher Bedeutung sind.«

Steen legte noch mehr Würmer auf den Erdhaufen. »Bis vor kurzem«, fuhr er fort, »schenkte man dem Regenwurm nur wenig Beachtung. Dann machte man eine alarmierende Entdeckung: Ein sehr schwerer Rückgang der Getreideernte in weiten Teilen des Landes war auf das stetige Verschwinden von Regenwürmern aus dem Erdboden zurückzuführen. Als die Regenwürmer verschwanden, verschwand auch das Getreide, wodurch die Erde unfruchtbar wurde und trotz aller mechanischen, chemischen und sonstigen menschlichen Bemühungen keinen Ertrag mehr brachte. Aufgrund dieser drohenden, weltweiten Katastrophe, versuchen nun Obstgärtner, Bauern, Viehzüchter und Hobby- und Berufsgärtner in wilder Panik wieder Regenwürmer im Erdboden anzusiedeln.«

Wir beobachteten die Würmer, die Steen auf den Erdhaufen geworfen hatte. Sie schienen nicht im geringsten darüber beunruhigt zu sein, so plötzlich von ihren Verwandten und Freunden entfernt und in ein unvertrautes Territorium versetzt worden zu sein. Eine Weile lang bewegten sie sich langsam und rhythmisch umher und untersuchten die Gegend. Dann, so als ob sie alle das Pfeifen ihres Vorarbeiters gehört hätten, blieb jeder Wurm genau dort, wo er sich gerade befand, und machte sich eifrig ans Werk. Es war mir jedoch nicht bewußt, daß sie bei der Arbeit waren, bis Steen mir die Situation erklärte. Jeder Wurm nahm mit seinem Vorderteil Erde in winzigen Partikeln auf, zermahlte die Erdkrumen mit Hilfe eines inneren Organs ähnlich dem Muskelmagen eines Huhns und schied es an seinem anderen Ende als fruchtbarer, nährreicher und ertragreicher Erdboden wieder aus. Darüber hinaus lockerten die Regenwürmer die obere Erdschicht, so daß sie Sauerstoff und Feuchtigkeit leichter aufnehmen kann.

Ich begann zu verstehen, warum Steen den Regenwürmern einen so hohen Wert als nützliche Mitbürger beigemessen hatte. Und ich begriff zum ersten Mal, warum er bei all den Pflanzen, die er in seinen Experimentiergärten züchtete, so ungewöhnliche Größen und Nährwerte erzielte. Einmal mehr war ich auf ein Beispiel gestoßen, wie ein Mensch einen reichen Lohn dafür erntet, die goldene Regel bei Tieren anzuwenden, selbst wenn diese Tiere zufällig die verabscheuten, kleinen Regenwürmer sind.

Steen ging mit den Regenwürmern nicht nur wie mit gleichwertigen Lebewesen um, sondern er behandelte sie auch als bewunderungswürdige und zuverlässige Partner in einem großen Unternehmen. Er ging von der Voraussetzung aus, daß dieselbe umfassende Intelligenz und Energie, die jede Lebensform beseelt und regiert, auch allen anderen Lebewesen innewohnt. Mit seinem Fachwissen, seiner Erfahrung und seiner Fähigkeit, den Standpunkt der Würmer zu verstehen, tut Steen alles ihm nur Mögliche zu ihrer Zufriedenheit und ihrem Wohlbefinden. Als Erwiderung darauf pflügen sie seinen Boden und kultivieren ihn und liefern ihm die beste Erde überhaupt, wodurch sie ihm ermöglichen, so außergewöhnlich gute Resultate bei seinen Bäumen, Früchten, Gemüse und Blumen zu erzielen.

Damit ich noch einen anderen Teil ihrer nützlichen Arbeit beobachten konnte, nahm mich Steen mit zu einem besonderen Beobachtungsbehälter, der gerade mit Müll gefüllt worden war. Steen legte eine ganze Armee von seinen kleinen Partnern auf den Müll. Als sie dort landeten, herrschte keine Verwirrung unter ihnen. Sie schienen zu wissen, daß dort eine besondere Aufgabe auf sie wartete, und jeder Wurm wußte, wie diese Aufgabe zu erledigen war. Jeder machte sich sofort an die Arbeit, ohne daß er dazu aufgefordert oder dabei beaufsichtigt werden mußte. Noch bevor der Tag vorüber war, hatten die kleinen Arbeiter fast alle schlechten Gerüche aus dem Müll entfernt, die ansonsten zu giftigem Gas geworden wären. Innerhalb von ein paar Wochen – ich kam so oft wie möglich wieder zurück, um das Wunder dieses Geschehens zu beobachten – war der ganze Müll zu fruchtbarem Boden umgewandelt.

Würmer werden im allgemeinen als ekelerregende, abstoßende, im Dreck wühlende, kleine Kreaturen betrachtet, die in jeder Hinsicht völlig ungeeignet sind, mit Menschen in Berührung zu kommen. Doch jeder einzelne Wurm, dem ich auf der Ranch von Steen persönlich begegnet bin, und von dem ich dort lernen durfte, war ein inspirierendes Beispiel für die Selbstlosigkeit, den Fleiß, den hingebungsvollen Dienst, die Harmonie und den Rhythmus in einer kreativen Handlung. Jeder, der mit den Würmern in Kontakt kam, wurde durch dieses Erlebnis geläutert und gewandelt. Wir Menschen stellen viele Theorien über das Gute und die Nützlichkeit auf, aber die kleinen Würmer lebten diese Eigenschaften wirklich. Und keiner von ihnen verlangte Dank dafür.

Wenn Sie mir jemals auf einen Spaziergang auf einem schmutzigen Weg begegnen und beobachten, daß ich anhalte, meinen Hut ziehe und mich zum Boden hin verneige, wissen Sie, daß ich einem vorbeigleitenden Regenwurm meinen Respekt zolle. Ich bin dankbar für das Privileg, mit einem so bescheidenen, selbstlosen und über alle Maßen nützlichen Mitbürger dieselbe Erde zu bevölkern.

## 27

# Der Ameisencode

Zum ersten Mal in den vielen Jahren, die ich dort gelebt hatte, war mein kleines Haus in Südkalifornien von den Mitgliedern der Formicordea-Familie, allgemein bekannt als Ameisen, übernommen worden. Ich machte die Entdeckung am Ende eines heißen Tages, als ich hinaus auf die Veranda ging, um mir etwas zum Abendessen zu holen. Ich hatte die Tür des altmodischen Eisschranks offengelassen. Eis gab es dort nicht mehr; ich hatte vergessen, das Eisschild hinauszuhängen. Und so waren alle Nahrungsmittel im Kühlschrank von mehr Ameisen übersät, als ich jemals zuvor in meinem Leben in einem Haus gesehen habe. Sie waren auch überall an den Wänden, auf dem Fußboden und der Decke sowohl der Veranda als auch der Küche. Unter der Hintertür strömten Scharen von Verstärkungstruppen zu der neu entdeckten Nahrungsquelle.

Mein Abendessen war dahin; ebenso meine Stimmung; und ebenso meine guten Vorsätze, alle Lebensformen mit Respekt, Güte und Rücksicht zu behandeln. Ich grollte diesen Ameisen in einer höchst primitiven Weise. Ich rannte zu meinem Nachbarn und lieh mir eine Kanne Ameisengift. Mit dieser in der einen und einem Besen in der anderen Hand war ich bereit für ein Gemetzel. Ich wollte diesen kleinen Banditen zeigen, daß sie mein Haus nicht ungestraft ausplündern konnten.

Gerade als ich mich daran machte, den Ameisen mit dem Gift und dem Besen den Garaus zu machen, regte sich mein »Neu-England-Gewissen«. Es wollte wissen, warum ich diese Ameisen töten wollte, mit all meiner Erfahrung in der Harmonisierung von Beziehungen. Ich begann mit mir selber vernünftig zu reden, was immer eine ausgezeichnete Methode ist, wenn man erregt ist. Schließlich beschloß ich, von dem Gemetzel abzusehen und statt dessen mit meinen unwillkommenen Gästen so umzugehen, wie Strongheart und andere Tiere es mir beigebracht hatten. Aber wie sollte man nun praktisch mit einer solchen Armee von Ameisen verhandeln?

Ich setzte mich auf den Fußboden, um die Situation besser überblicken zu können, und versuchte herauszufinden, welche Ameise die Anführerin war oder welches Ameisenkomitee die Verantwortung für diese Veranstaltung hatte, so daß ich ein bestimmtes Ziel hätte, an das ich mich wenden konnte. Ich blickte suchend durch ein starkes Vergößerungsglas, aber keine Ameise oder Gruppe von Ameisen schien wichtiger zu sein als die andere. Jede Ameise schien ihren erforderlichen Anteil beizutragen in dem allgemeinen Bemühen, ohne Anleitung oder Überwachung.

Es ist verhältnismäßig leicht, eine unsichtbare Brücke für einen gegenseitigen Gedankenverkehr zwischen einem selbst und einem einzelnen Tier herzustellen, aber ein solches Kommunikationssystem mit Hunderten von Ameisen im ganzen Haus zu errichten, war etwas völlig anderes. Ich beschloß, daß die einzige Möglichkeit, dies zu tun, darin bestand, mich zu einer Art Sendestation zu machen und zu allen gleichzeitig zu sprechen. Also machte ich mich ans Werk.

»Hört mal zu, ihr Ameisen!« sagte ich. »Anscheinend leben wir in einer völlig verdrehten Welt. Im Augenblick bin ich mir nicht einmal ganz sicher, ob nun ihr oder ich wirklich in dieses Haus gehört. Aber ein Punkt ist klar: Eure Ansprüche haben mein ausgezeichnetes Abendessen verdorben. Es kostete mich beträchtliche Mühe und viel Geld, um mir dieses Essen zu besorgen. Ich muß essen, um zu leben, ebenso wie ihr. Dann brecht ihr einfach, ohne ein »Dürfen wir« hier ein und nehmt mir meine Mahlzeit weg. Das ist in jeder Hinsicht weder richtig noch fair, so wie ich das sehe. Besonders in diesen schwierigen Zeiten, wo wir eigentlich alle versuchen sollten, einander zu helfen.«

Ich legte eine Beobachtungspause ein. Die Sendung schien nicht die geringste Wirkung auf sie zu haben. Mehr Ameisen kamen zur Hintertür herein. Immer mehr erschienen an den Wänden und Decken, und immer mehr Ameisen machten sich über mein Essen her. Es war entmutigend, aber trotzdem machte ich weiter.

»Ihr Ameisen, wißt ihr gar nicht, worum es geht?« sagte ich, »aber ich kann die meisten von euch in den nächsten paar Minuten mit diesem Gift und diesem Besen erledigen. Aber das scheint mir nicht richtig zu sein. Wir Menschen haben uns wegen derartiger Dinge seit Jahrhunderten gegenseitig umgebracht, und wir sind heutzutage schlechter dran als zu Anfang.«

Dann fiel mir wieder ein, daß jedes Lebewesen gern gelobt wird, und ich begann, alle nur erdenklichen Komplimente in ihre Richtung zu senden. Ich sagte ihnen, wie sehr ich ihre große Intelligenz bewunderte, ihren Lebenswillen, ihre vollkommene Hingabe an gemeinsame Ziele... ihre Fähigkeit, ohne Mißverständnisse oder Anweisung zusammenzuarbeiten.

Wieder machte ich eine Pause und sah durch das Vergrößerungsglas. Die Situation schien schlimmer als je zuvor. Ich beschloß, meine Sendung zu beenden.

»Das ist alles, was ich euch Ameisen zu sagen habe«, sagte ich. »Ich habe in dieser Situation ehrlich mein Bestes getan. Der Rest liegt nun an euch. Ich spreche zu euch von Gentleman zu Gentleman.«

Ich ging ins Wohnzimmer und setzte mich in einen Sessel. Ich war deprimiert. Darüber hinaus fragte ich mich, ob ich geistig aus dem Gleichgewicht geraten war. Die Dinge schienen sich in dieser Richtung zu entwickeln. Plötzlich dachte ich an einen alten Freund, der zufällig eine Autorität für Geistesstörungen ist, und der mir vor einigen Wochen erzählt hatte, daß die Grenze zwischen normal und geisteskrank oftmals nur sehr schwer zu erkennen ist, und viele sie täglich im Denken, Sprechen und Tun überschreiten. Hatte ich diese Grenze in meiner Sendung an die Ameisen überschritten? War ich verrückt zu versuchen, ein gentlemen's agreement mit ihnen zu schließen? In diesem verwirrten Zustand ging ich, mir ein Lustspiel anzusehen. Ich versuchte, das Ganze zu vergessen.

Als ich kurz nach Mitternacht nach Hause kam, ging ich hinaus auf die Veranda, um zu sehen, was dort vor sich ging. Es war nicht eine Ameise zu sehen. Nicht eine einzige! Die Tür des Kühlschranks stand immer noch weit offen mit den einladenden Lebensmitteln darin, und einige Essensreste standen noch auf dem Tisch daneben, aber es war keine einzige Ameise in Sicht. Ich suchte praktisch jeden Zentimeter des Fußbodens, der Wände und Decken im ganzen Haus mit einer Taschenlampe ab, aber ich konnte keine einzige Ameise finden. Diese kleinen Kerle hatten tatsächlich ihren Teil unserer Abmachung erfüllt.

Dies geschah vor einigen Jahren. Seitdem bin ich nie mehr von Ameisen in irgendeiner Weise gestört worden, weder zu Hause noch im Ausland. Gelegentlich marschiert ein Kundschafter durch eines der Zimmer auf seinem Erkundungsgang vom Garten wieder nach draußen und macht gerade so lange halt, daß wir einen freundlichen, stummen Gruß miteinander austauschen können. In meinem Garten gibt es Hunderte von Ameisen und viele leicht zugängliche Eingänge ins Haus. Gewöhnlich habe ich Lebensmittel in der Küche oder auf der Veranda, die Ameisen mögen. Aber obwohl sie die Häuser all meiner Nachbarn stürmen und eine furchtbare Plage sind, rotten sie sich niemals mehr gegen mich zusammen. Unser gentlemen's agreement wird immer noch eingehalten, nicht nur von den Ameisen, die mein Haus an jenem Tag überfallen haben, sondern auch von allen anderen. Es ist so, als ob ich im Besitz einer unsichtbaren Ehrenmitgliedskarte in der Ameisenvereinigung wäre.

28

# Musca Domestica

Freddie war eine Fliege. Bei normaler Betrachtung handelte es sich um eine ganz normale, herumschwirrende Stubenfliege. Genau die Art von Geschöpf, das Sie sofort töten, wenn Sie es sehen, nicht nur zu Ihrem eigenen Wohlbefinden, sondern auch zum Schutz Ihrer Mitmenschen. Außerhalb der hohen Meinung, die ich von ihm hatte, besaß Freddie überhaupt keinen sozialen Status. Tatsächlich war der Name, den ihm ein schwedischer Naturkundler im 18. Jahrhundert gab, das einzige, was ihn wenigstens ein bißchen auszeichnete. »Musca domestica«, nannte er die Gemeine Stubenfliege.

Meine erste Begegnung mit Freddie fand eines Morgens in meinem Badezimmer statt, als ich mich rasierte. Plötzlich landete eine Fliege mitten auf meinem Vergrößerungsspiegel, in den ich blickte, weshalb es so aussah, als ob sie tatsächlich auf meiner Nasenspitze saß.

Während ich mich weiter rasierte, beobachtete ich sie ein wenig schielend und begann, mich zu fragen, warum die Fliege bei all den anderen Landeplätzen im Badezimmer gerade mitten auf meinem Spiegel gelandet war. Ich fragte mich auch, über was sie nachdachte. Ich gelangte zu der Schlußfolgerung, daß sie dort posierte wie eine um Aufmerksamkeit heischende Schauspielerin, die unter dem Einfluß der hier herrschenden Angeberei und Großspurigkeit stand. Ich vermutete, daß die Vergrößerung des Spiegels eine Narzißmus-Reaktion bei ihr auslöste und sie mich dabei als Publikum benutzte.

Ich erging mich in Spekulationen, wie es sein konnte, daß ein so gewöhnlicher, kleiner Störenfried wie eine Stubenfliege zu dem Privileg kommt, ihren Körper mit so großer Freiheit, Mühelosigkeit und Freude durch den Raum zu bewegen, während ich, der doch so unvergleichlich überlegen sein soll, mich unter meiner eigenen Pferdestärke kaum vom Boden abheben konnte, außer in Form von höchst lächerlich wirkenden Hopsern. Warum war Fliegen die Fähigkeit gegeben, an den Wänden und Decken entlangzuspazieren und darauf zu spielen, zu meditieren und sogar zu schlafen, während mir dieses Privileg versagt wurde?

Später, als ich in meiner kleinen Küche frühstückte, sah ich von meiner Zeitung auf und erblickte am Rand meines Tellers eine andere Musca domestica. Ich fragte mich, wie die Fliegen ins Haus kamen. Nach dem Frühstück begab ich mich ins Wohnzimmer, um die Schreibarbeiten des Tages in Angriff zu nehmen, und entdeckte dort eine weitere Fliege, die auf einem Stapel gelben Schreibmaschinenpapiers saß.

»Wenn drei Fliegen in diesem Haus sind, dann ist das eine Sache«, sagte ich zu mir selbst. »Aber wenn die drei Fliegen, die ich heute Morgen gesehen habe, nur eine Fliege sind, dann ist das etwas anderes.«

Ich eilte ins Badezimmer, aber dort war keine Fliege auf dem Spiegel. Ich ging in die Küche, aber auch dort war keine Fliege mehr. Ich ging wieder zurück zum Schreibtisch, aber auf dem gelben Papier saß keine Fliege mehr. Also setzte ich mich hin und wartete. Es vergingen vielleicht zwei Minuten; dann tauchte eine Fliege auf. Sie kam aus der Küche und flog auf einem Sonnenstrahl herein wie ein winziges Flugzeug, das von einem Einsatz zurückkehrte. Es sah so aus, als ob die drei Fliegen im Haus in Wirklichkeit nur eine Fliege waren, und diese Fliege schien mir wie ein einsamer, kleiner Hund, der nach der verständnisvollen, menschlichen Gesellschaft suchte.

Der kleine Kerl kreiste direkt über meinem Kopf; dann stürzte er nach unten, legte sich in eine Kurve und landete wieder auf demselben Papierstapel. Eine Weile betrachteten wir einander ohne die geringste Bewegung, wobei aber unsere Gedanken sehr beweglich waren. Dann legte ich vorsichtig meinen Zeigefinger an den Rand des Papierhaufens und fragte mit aller Freundlichkeit, die ich in meine Worte legen konnte, ob sie sich nicht auf meinen Finger setzen wollte, so daß wir uns gegenseitig besser kennenlernen könnten. Mit einer Bewegung, die so schnell war, daß man ihr mit den Augen nicht folgen konnte, flog sie von dem Papier auf meinen Finger.

Ich hob den Finger auf Augenhöhe und begann, die Fliege durch ein Vergrößerungsglas zu betrachten. Einige Minuten lang saß sie völlig ruhig da, vielleicht plante sie, was sie als nächstes tun sollte. Dann begann sie mit schnellem Schritt, der für Fliegen so charakteristisch ist, die ganze Länge meines Fingers hinauf- und hinabzumarschieren, wie zu der Musik einer unsichtbaren Blaskapelle. Hin und wieder hielt sie ein und nahm ihren Marsch dann wieder auf. Sie vermittelte den Eindruck, als ob sie eine wunderbare Zeit verleben würde und hoffte, daß es mir ebenso gut erging.

Plötzlich blieb sie mitten in ihrem schnellen Marsch stehen, machte eine volle Umdrehung, spazierte zur Mitte des Fingers und begann, ihre Beine über ihrem Kopf zu reiben, was dazu führte, daß dieser sich ruckweise in meine Richtung bewegte. In der Annahme, daß dies ihre

Art sein könnte, ihre Anerkennung zu zeigen, und um nicht in meinem eigenen Haus, was die guten Manieren anbelangt, übertroffen zu werden, besonders von einer Fliege, begann ich, mich ebenso höflich vor ihr zu verbeugen. Ich war dankbar, daß mich keiner der Nachbarn durch die Fenster sehen konnte.

Neugierig, wie der kleine Kerl darauf reagieren würde, warf ich ihn plötzlich in die Luft. Es beunruhigte ihn nicht im geringsten. Tatsächlich schien es ihm zu gefallen. Er kreiste wieder langsam über meinem Kopf, aber als ich meinen Finger in seine Richtung ausstreckte, kam er herunter und landete auf meiner Fingerspitze, so als ob wir dies schon oft gemacht hätten. Ich warf ihn immer wieder in die Luft, aber jedesmal kehrte er auf den ausgestreckten Finger zurück und nahm sein Marschieren, Postieren, Kopfrücken wieder auf.

Als wir nach einer dieser Landungen eine Pause einlegten, bewegte ich langsam einen anderen Finger auf ihn zu und berührte ihn. Trotzdem die Berührung so sanft wie nur möglich war, rutschte er ein kleines Stück weg, aber er flog weder auf, noch zeigte er das geringste Anzeichen von Angst. Ich begann langsam, die Ränder seiner Flügel zu streicheln und still mit ihm zu sprechen. Nicht wie zu »einer Fliege« mit all ihren Beschränkungen und verachtungswürdigen Eigenschaften, die wir Menschen den Fliegen gewöhnlich zuschreiben, sondern wie zu einem intelligenten Mitgeschöpf. Obwohl die Welt um uns herum tief in Mißverständnissen, Angst und Zerstörung verstrickt war, stand zwischen dieser kleinen Stubenfliege und mir alles zum besten, zumindest für den Augenblick.

29

# Menschen und Fliegen

Am nächsten Morgen um Punkt sieben Uhr wartete die kleine Stubenfliege im Badezimmer in der Mitte des Rasierspiegels auf mich.

Später folgte sie mir ins Wohnzimmer wie ein kleiner Flughund, und während ich an meinem Schreibtisch arbeitete, beschäftigte sie sich in der Nähe mit sich selbst. Immer wenn ich eine Pause einlegte, meinen Finger in ihre Richtung ausstreckte und sie einlud, darauf zu landen, kam sie meiner Einladung nach und lud nun ihrerseits mich in der listigen Weise dazu ein, ihre Flügel zu streicheln. Danach und solange sie ein Teil der irdischen Bühne war, saß sie jeden Morgen um sieben Uhr auf dem Rasierspiegel und wartete auf mich, und für den Rest des Tages waren wir praktisch unzertrennlich.

Ein paar Tage, nachdem wir uns kennengelernt hatten, gab ich ihr den Namen Freddie – Freddie die Fliege. Ich weiß, daß ihr der Name gefiel, weil sie auf den Namen reagierte, wann immer ich ihn rief, ungeachtet dessen, ob ich dies nur im Geiste oder laut tat. Wir benutzten uns sozusagen gegenseitig als Versuchskaninchen, um festzustellen, wie weit wir es bringen könnten, uns gegenseitig als Mitgeschöpfe wirklich zu verstehen. Es gab keine Anleitung für eine so ungewöhnliche Vorgehensweise, keine Mitarbeit, keine Unterstützung, nicht einmal ein freundliches Nicken von seiten derer, die gewöhnlich Verständnis für solche Absonderlichkeiten der menschlichen Neugierde haben. Mein Partner bei dem Unternehmen war »eine gewöhnliche, kleine Stubenfliege«. Und das stellte den ganzen Vorgang automatisch außerhalb einer menschlichen Billigung. Wahrscheinlich mit Ausnahme des Wetters war alles gegen uns, aber dies machte das Abenteuer nur noch interessanter und aufregender.

Die stärkste Opposition gegen das Experiment kam von der Einstellung der berühmten, längst überholten sozialen Tyrannen »Herr und Frau Jedermann«. Wie Sie wissen, mißbilligen diese Leute alles, was sie nicht verstehen, und sie haben für die ganze Menschheit das Gesetz erlassen, daß keiner mit dem geringsten Maß an Intelligenz und Selbstachtung nur das mindeste mit einer Fliege zu tun haben will, außer man vernichtet den ekligen Plagegeist.

Diese mörderische Einstellung kommt aus der Überzeugung, daß Menschen und Fliegen nichts Gemeinsames haben, außer die Geburt, die Ungewißheit, die Gefahr und den Tod. Nach Meinung dieser Leute waren Freddie und ich unversöhnliche Feinde, die sich in einem endlos währenden Kriegszustand befanden, in dem kein Pardon gegeben wurde, ein Kriegszustand, in dem Freddie und seine Artgenossen ständig nach Gelegenheiten Ausschau hielten, Krankheitserreger auf mich und meine Artgenossen zu übertragen, während wir Menschen zu Felde zogen, um jede Fliege, die in Sicht kam, zu vernichten, in der festen Überzeugung, daß nur eine tote Fliege eine gute Fliege ist, und »je mehr tot« desto besser.

Obwohl es einem Menschen durchaus gestattet ist, bestimmte Tiere zu seinen Gefährten zu machen, ist dies nach Meinung dieser Leute bei einer Fliege absolut tabu. Jede soziale Geste in Richtung einer Fliege oder jeder Versuch, mit einer Fliege als einem intelligenten Wesen umzugehen, läuft nicht nur der Natur und dem gesunden Menschenverstand zuwider, sondern jeder, den man dabei ertappt, sollte sofort den dafür zuständigen Behörden übergeben werden.

Unser Abenteuer mußte sich zu Beginn mit der Tatsache von Freddies schlechtem Ruf abfinden, und der, so muß ich zugeben, war scheußlich. Er galt als Nichtsnutz, Störenfried, von allen respektablen Kreisen als vogelfrei erklärt, ein soziales Reizmittel, ein Krankheitsüberträger und eine Gefahr für die Gesundheit, das Glück und den geistigen Frieden des Menschen.

Daher schwebte Freddie, wie alle Fliegen, in ständiger Todesgefahr. Sogar in meinem Haus bestand immer die Möglichkeit, daß irgendein Freund zufällig hereinplatzte, wenn ich nicht da war, und versuchte, den kleinen Kerl zu töten, um sich selbst, mir und der übrigen Welt einen Gefallen zu tun, weil er ja nicht wissen konnte, daß Freddie mein besonderer Hausgast war. Freddie war jedoch ein Philosoph und Lebenskünstler. Er gestattete niemals, daß die Feindseligkeit den Spaß nur im geringsten beeinträchtigte, den er aus den Minuten seines Lebens herausholen konnte, während er mit ihnen spielte und sie ihrerseits mit ihm ihre Possen trieben.

Eines Morgens in den ersten Tagen unserer Freundschaft, während Freddie auf meiner Handfläche saß und sich von mir die Flügel streicheln ließ, beschloß ich, daß es höchste Zeit war, eine Brücke für einen praktischen, gegenseitigen Gedankenverkehr zwischen uns zu bauen, so daß jeder von uns dem anderen seinen Geisteszustand sowie seine Gefühle mitteilen konnte. Solche Gedankenbrücken hatten sich bei Strongheart, bei anderen Tieren und sogar bei ganzen Armeen von Ameisen als erfolgreich erwiesen, weshalb sollte dies also nicht bei dieser intelligenten und lebendigen kleinen Fliege funktionieren?

Als ich mich nun daran machte, unseren Geist und unsere Herzen auf diese Weise miteinander zu verknüpfen, besann ich mich auf die beiden Grundprinzipien, die sich bei Bemühungen dieser Art immer als höchst wichtig herausgestellt hatten. Erstens, daß Freddie die Fliege und ich als Lebewesen von Natur aus untrennbare Teile einer wechselseitig verbundenen, ineinander übergreifenden und alles umfassenden Ganzheit waren. Zweitens, daß weder die Fliege noch ich die Ursache für irgend etwas waren, sondern vielmehr der individuelle, lebendige Ausdruck einer universellen, göttlichen Ursache oder eines göttlichen Geistes, der sich selbst durch jeden von uns und durch alles andere beständig mitteilte und verwirklichte.

Mit diesen Gedanken zu allervorderst in meinem Kopf begann ich still, mit Freddie als einem Mitgeschöpf zu sprechen, so wie ich es bei Strongheart gelernt hatte. Ich stellte dem kleinen Kerl in meiner Hand eine Frage und achtete dann sorgfältig auf alle neuen, geistigen Eindrücke, die Art von Eindrücken oder plötzlichen intuitiven Erkenntnissen, die mir von Tieren, Vögeln, Schlangen, Insekten und zahlreichen anderen Gefährten, die ihre Weisheit mit mir teilten, übermittelt worden waren, und die zu empfangen, ich gelernt hatte.

Unerwarteterweise folgte auf jede Frage, die ich Freddie übermittelte, mittels dieser zurückkommenden Eindrücke eine stille Gegenfrage. Ich fragte Freddie, was seine Aufgabe in meiner Welt war, aber fast sofort wollte er wissen, was ich in Wirklichkeit in seiner Welt zu tun hatte. Ich fragte ihn nach dem Grund, warum Fliegen uns Menschen so schlecht behandeln. Sofort gab er die Frage zurück: Warum haben wir Menschen Fliegen immer so schlecht behandelt? Dann empfing mein inneres Ohr plötzlich folgendes: Der wichtige in Betrachtung stehende Punkt ist nicht so sehr das, was jeder von uns beiden in der Welt des anderen tut, sondern vielmehr, welche Rolle jeder von uns als beitragender Teilhaber in einem Universum spielte, das dem Schöpfer des ganzen Kosmos gehört.

An diesem Punkt warf ich Freddie in die Luft, und unser inspirierender Dialog endete. Es mußte sein, denn Besucher standen vor der Haustür.

## 30

# Gottes Fügung

Bevor Freddie die Fliege in mein Leben trat und sich einen so unvergeßlichen Platz in meiner Bewunderung und meinem Respekt eroberte, war ich gegenüber Fliegen kompromißlos feindselig eingestellt gewesen. Ich verabscheute es zutiefst, wenn sie auf meiner Haut herumkrabbelten, wenn sie mich stachen oder in sonstiger Weise quälten, wenn sie sich auf mein Essen setzten und sogar dafür, daß sie in derselben Welt wie ich lebten. Dann kam Freddie und nahm mir nicht nur meine Feindseligkeit, sondern lehrte mich Dinge, von denen ich niemals geglaubt hätte, daß sie zwischen einem Menschen und einer Fliege möglich sind.

Eines Tages passierte dann etwas Erstaunliches. Ich saß müßig an meinem Schreibtisch und wartete auf einen Anruf. Freddie saß auf der Schreibmaschine. Ich dachte über all den Spaß und die Freude nach, die wir beide miteinander hatten und fragte mich, ob unser Erlebnis eine verrückte Episode zwischen ein paar Ausgeflippten unserer jeweiligen Spezies war oder ob solche Dinge zwischen allen Menschen und allen Fliegen möglich wären. Warum hatte ich mit Ausnahme von Freddie immer so große Probleme mit Fliegen gehabt? Warum haben fast alle Menschen Schwierigkeiten mit ihnen?

Mitten in diesen Überlegungen startete Freddie plötzlich und flog in Richtung zu meiner Nasenspitze, wobei er ein paar Loopings machte wie ein winziges Kunstflugzeug und dann wieder auf die Schreibmaschine zurückkehrte.

Dies wiederholte er einige Male, ganz nach Art eines intelligenten Hundes, der versucht, die Aufmerksamkeit seines menschlichen Gefährten auf etwas zu lenken, von dem dieser seiner Meinung nach wissen sollte. Daher schenkte ich ihm meine volle Aufmerksamkeit und achtete sorgfältig auf meine geistigen Eingebungen.

Auf der alten Großvateruhr hinter mir verstrichen ein paar Minuten. Dann empfing ich »so sanft wie den Atem eines leisen Flüsterns« einen lebhaften Eindruck. Alles, was er enthielt, war ein Name und eine Zahl. Der Name war »Hiob«. Die Zahl war »22«. Ich eilte zu einem der Bücherregale, holte eine Ausgabe der Bibel hervor und schlug das 22. Kapitel des Buches Hiob auf.

Als ich beim 28. Vers des 22. Kapitels angelangt war, hielt ich ein, denn dort stand in einfachen Worten eine vollständige Antwort auf das Problem der Mensch-Fliege-Beziehung, das mich so stark beschäftigt hatte. In der Tat war es die Antwort auf jede Beziehungsproblematik, ungeachtet ob sie nun mit Menschen, Tieren, Schlangen, Insekten oder irgendeiner anderen Lebensform zu tun hat.

Hiob war natürlich einer der großen geistigen und spirituellen Sucher aller Zeiten. Fast alles, was einem in der Natur an Schwierigkeiten widerfahren kann, widerfuhr Hiob. Fast jedes Hilfsmittel, auf das Menschen gewöhnlich zurückgreifen, um für Sicherheit, Bequemlichkeit, Erfolg und Glück zu sorgen, wurde ihm genommen. Schwere Prüfungen zermürbten ihn, aber sie konnten ihn nicht aufhalten, nicht mit seinem geistigen und spirituellen Wissen.

An einem von Hiobs besonders schweren und deprimierenden Tag kamen drei seiner Freunde – Eliphas von

Theman, Bildad von Suah und Zophar von Naema –, »um mit ihm zu trauern und ihn zu trösten«. Was bei dieser Zusammenkunft stattfand, ist heute ein zeitloser Klassiker des menschlichen Denkens, dessen Inhalt sich größtenteils um die herausfordernde Aufgabe dreht, die Dinge in die richtige Beziehung zu bringen.

Am Ende dieser berühmten Zusammenkunft schließt Eliphas von Theman mit einer Beobachtung, die für Hiob und die anderen ebenso umwerfend gewesen sein muß wie für mich, als ich den 28. Vers las, während Freddie, die Fliege, die Szene von meiner linken Schulter aus beobachtete. Eliphas sagte folgendes:

> »Beschließt du etwas, dann trifft es ein / und Licht überstrahlt deine Wege.«

Nur 12 Worte, aber in diesen Worten lag meine Antwort nicht nur auf die Beziehung zwischen Menschen und Fliegen, sondern auch für jedes andere Beziehungsproblem.

Bevor Freddie in mein Leben trat, hatte mein Urteil über Fliegen dazu geführt, daß ich ständig unangenehme und lästige Erfahrungen mit ihnen machte. Ich erwartete, daß Fliegen unfreundlich sind, und so waren sie es auch. Ich erwartete, daß sie mich ärgerten, und so ärgerten sie mich. Ich erwartete, daß sie mich stachen, und auch hier erfüllten sie meine Erwartung. Mit der Genauigkeit und Exaktheit eines Echos hatte ich genau das in Form einer äußeren Erfahrung zurückbekommen, was ich geistig und durch Worte aufgrund meines Vorurteils erwartet hatte. Seit ich diese Vorurteile aufgegeben habe, bin ich in keinem Teil der Welt jemals mehr von ihnen belästigt worden, nicht einmal im Dschungel, wo es von Fliegen nur so wimmelt.

Nach dieser Entdeckung ernannte ich Freddie ziemlich verspätet zu einem weiteren meiner Privatlehrer und bat ihn, mich weiterhin zu unterrichten. Dies tat er dann auch mit großem Verständnis, Originalität und Erfolg. Unser Lehrplan folgte derselben Methode, die sich bei Strongheart und anderen Tieren als so erfolgreich erwiesen hatte: Ich suchte nach guten Chraktereigenschaften in ihm, wobei ich ein Buch der Synonyme und ein Lexikon zu Hilfe nahm, und studierte dann, was er in seinem augenblicksbezogenen Leben mit diesen Qualitäten machte.

Freddies Lehrmethoden waren erfinderisch, unterhaltsam und lehrreich. Eine seiner Lieblingstechniken bestand darin, plötzlich kurz vor meiner Nasenspitze aufzutauchen und dort eine Art Luftakrobatik zu vollführen. Dies lenkte meine Aufmerksamkeit von allem, was ich gerade tat, ab und konzentrierte sich auf ihn, was genau das war, was der kleine Kerl mit seiner Show erreichen wollte. Dann übermittelte er mir still, wenn ich offen genug war, um es aufzunehmen, oder, wenn nötig, durch irgendeine körperliche Aktion, was ich in diesem Augenblick wissen mußte. Er teilte es mir nicht als »Fliege« mit, so wie wir Menschen sie gewöhnlich bezeichnen und begrenzen, sondern als ein Teil des Ausdrucks des Geistes des Universums.

So saß ich also zu Füßen dieses kleinen »Fliegepatschenflüchtlings«, und er half mir dabei, das wahre Wesen einer Fliege hinter ihrer physischen Erscheinung zu entdecken und zu verstehen. Und je mehr mir dies gelang, um so leichter wurde es für uns, uns über die hergebrachten Grenzen und Bedingungen hinwegzusetzen und zu einem verständnisvollen und harmonischen Einklang zu kommen.

Erscheint Ihnen dies als zu weit hergeholt und unglaublich, um ernsthaft darüber nachzudenken? Dann hören Sie, was eines der größten Denkgenies aller Zeiten gesagt hat. Es ist Meister Eckhart aus Deutschland; er hat diese Welt mit seiner Gegenwart in der Zeit von 1260 bis 1327 beehrt und gesegnet. Meister Eckhart sprach aus seiner tiefen Weisheit heraus:

> »Als ich in Paris predigte, habe ich gelehrt, daß sich kein einziger Mensch in Paris vorstellen kann, trotz allem, was er gelernt hat, daß Gott in der unbedeutendsten Kreatur wohnt – sogar in einer Fliege.«

## 31

# Ich mache reinen Tisch

Eines Morgens, als Freddie mir beim Rasieren zusah, kam mir eine Idee: Um überhaupt zu wissen, daß mein kleiner Gefährte existierte, mußte er zunächst als Bild in meinem Geist auftauchen. Sonst wäre es mir nicht möglich, mir seiner bewußt zu sein. Zunächst mußte ich ihn als geistiges Bild oder Idee sehen und dieses Bild dann vom subjektiven in einen objektiven Zustand übertragen.

Es wurde offensichtlich, daß in dem Augenblick, wo Freddie die Fliege oder irgendein anderes Lebewesen die mysteriöse Grenze zwischen meinem Nichtwissen und meinem Wissen überschritt, ich persönlich für ihn verantwortlich wurde, soweit ich ihn mir erklärte und über ihn entschied. Meine Erklärung dafür und mein Verhalten konnten nur aus mir selbst kommen oder durch Kenntnisse aus zweiter Hand beeinflußt sein. Aber bei genauer Betrachtung aller Urteile über ihn waren diese meine eigenen, die sich aus den Erfahrungen mit ihm ergaben. Es war klar, daß dies ein universales Gesetz war.

Das erste, was ich tat, nachdem ich die weitreichende Bedeutung von all dem erkannte, war, Freddies Weste vollkommen reinzuwaschen. Ich löschte alle ungünstigen und negativen Werturteile, die mit ihm als Fliege zu tun hatten. Fort mit allem, was ich jemals über Fliegen gehört, gelesen oder gedacht hatte und was auch nur im geringsten einschränkend oder unfreundlich gewesen war! Es war eine gründliche Reinigungsaktion. Von da an war ich es, nicht die »öffentliche Meinung«, der Freddies Lebensdrehbuch schrieb. Von da an wurde er für mich das, was ich – und nur ich allein – über ihn dachte. Und diese Einstellung zu meinem kleinen Gefährten behielt ich auch bei, was den Weg für all die bemerkenswerten Dinge öffnete, die daraufhin geschahen.

Beim Überwinden der Blockaden, die das gegenseitige Verstehen von Menschen und Fliege verhindert hatten, erwies sich folgendes Motto als ausgesprochen hilfreich: »Wenn du das Geheimnis richtiger Beziehungen erfahren willst, suche nur nach dem Guten, das heißt dem Göttlichen, in allen Menschen und Dingen, und überlasse Gott alles übrige.«

Wenn ich diese alte Regel anwandte, war es, als ob ich bei meinem Umgang mit Freddie einen Zauberstab heben würde. Es verwandelte ihn in etwas, das zwar wie eine Fliege aussah, aber sicherlich in meiner Beziehung mit mir nicht so handelte. Durch mein ständiges Bemühen, nur nach dem Guten zu suchen, wurde Freddie wie zu einer Figur aus einem Märchen von Hans Christian Andersen.

Unsere empfindsame und fühlige Beziehung war jedoch nicht immer einfach. Sie verlangte, daß ich in allem, was wir taten, seinen Standpunkt zu verstehen versuchte, und daß ich jeden noch so unbedeutenden Gedanken, den ich in seine Richtung sandte, sorgfältig überprüfte. Ich stellte fest, daß ich nicht zulassen durfte, daß irgend etwas Unhöfliches, Rücksichtsloses oder sonstwie Nachteiliges in meine geistige Haltung zu Freddie einfloß; in dem Augenblick, wo dies geschah, geriet unsere Beziehung aus dem Gleichgewicht.

Dem haftete nichts Emotionales, Gefühlvolles oder ein Wunschdenken an. Ich war ganz einfach gezwungen zu erkennen, daß sich Freddie genauso verhielt, wie ich ihn beurteilte, nämlich gut oder schlecht, freundlich oder unfreundlich, entgegenkommend oder ablehnend. Denn Freddie war nicht mehr oder weniger als meine Einstellung zu ihm, was sich dann in der äußeren Gegebenheit zeigte.

Wenn ich positiv von ihm dachte und ihn so behandelte wie ein Gentleman den anderen, verlief unser Zusammensein harmonisch. Wenn ich dies gelegentlich vergaß und abfällig über ihn dachte, verschlechterte sich auch unsere Beziehung. Und sie blieb es auch, bis ich meine Einstellung wieder zum Besseren gewendet hatte.

Als mein Privatlehrer, Gefährte und Begleiter auf unserem gemeinsamen Abenteuer, hatte Freddie die Fliege in meinem Haus absolute Freiheit und die uneingeschränkte Erlaubnis zu tun, was immer ihm gefiel. Natürlich hätte er sich diese Freiheit auch sonst nehmen können, aber trotzdem gab ich sie ihm als Zeichen meiner Bewunderung und Achtung. Er war ein vorbildlicher Gast. Er wußte immer, was man von ihm erwartete, und er benahm sich kein einziges Mal gedanken- oder rücksichtslos.

Je mehr ich hinter die physische Erscheinung von Freddie die Fliege sehen konnte, um so leichter wurde es, ihn als ein Mitgeschöpf und einen Ausdruck des universellen Geistes zu erkennen. Dann konnte ich mit ihm gemeinsam zuhören. Und immer wieder erkannte ich, daß alle Lebewesen individuelle Instrumente sind, durch die der Geist des Universums denkt, spricht und handelt. Wir alle sind durch einen gemeinsamen Akkord, einen gemeinsamen Sinn und ein gemeinsames Wohl verbunden. Wir sind Mitglieder eines riesigen kosmischen Orchesters, in dem jedes lebende Instrument für das harmonische Zusammenspiel des Ganzen wesentlich ist.

32

# Husch Husch Fliege!

Biologisch gesehen ist das Leben einer Musca domestica nichts, das man besonders rühmen könnte. In eine Welt unaufhörlicher Feindseligkeit und ständiger Gefahr hineingeboren, verbringt sie einige Wochen auf Erden und stirbt. Zumindest ist dies die Geschichte, soweit es die übliche menschliche Beobachtung betrifft. Es ist jedoch ratsam, diesen Standpunkt nur mit Vorbehalt einzunehmen.

Ich weiß nicht, wieviel Zeit zu leben Freddie noch blieb, als er mich schließlich verließ, aber er muß praktisch fast seine ganze Lebensspanne als mein Ehrengast in meinen vier Wänden verbracht haben. In seinem Tagesplan gab es keine Langeweile. Er hatte einen wunderbaren Lebenshunger und war ganz einfach glücklich darin, jeden Augenblick er selbst zu sein.

Ich habe davon erzählt, wie Strongheart und ich in meiner Lehrzeit den Punkt der Wechselwirkung erreichten, daß ich ihn rufen konnte, wenn er außer Sichtweite war, und er sofort antwortete. Das gleiche wurde jetzt zwischen Freddie die Fliege und mir möglich. Wenn ich ihn brauchte und nicht wußte, wo er war, mußte ich nur einen Gedanken zu ihm senden und innerhalb von Sekunden tauchte er auf. Der Platz, wo er sich am liebsten meldete, war in der Luft kurz vor meiner Nasenspitze, wo ich ihn unmöglich übersehen konnte.

Diese wortlose Verständigung kam ganz einfach zustande, nachdem ich mich von vererbten und anerzogenen falschen Vorstellungen befreit und gelernt hatte, wie natürlich und normal solche Dinge sind. Was ich von der Fliege lernte, war genau das, was ich von allen anderen Arten von »dummen Geschöpfen« gelernt hatte. Ich lernte, damit aufzuhören, sie als solche zu behandeln.

In der Stille der Geborgenheit unseres kleinen Hauses, wo wir mit dem Leben so experimentieren konnten, wie es uns gefiel, bewiesen Freddie und ich die Wahrheit des Sprichworts: »Die schönste Harmonie entsteht zwischen Dingen, die sich unterscheiden.« Nur wenige Dinge können sich stärker unterschieden haben als die kleine Stubenfliege und ich, und doch entdeckten wir mit jedem Ticken der Uhr neue Harmonie zwischen uns.

Während ich sehr viel über Freddies Denkweise und seine Verhaltensmuster erfuhr und ich ständig Fortschritte darin machte, Standpunkte mit ihm auszutauschen, gab es eine Sprache, die mich verblüffte. Wo versteckte er sich am späten Nachmittag, nachdem die Sonne hinter den Hügeln von Hollywood verschwunden war? Ich leistete eine Menge Detektivarbeit, aber ich konnte das Geheimnis niemals ergründen. Während des Tages verbrachten wir viel Zeit zusammen, aber wenn die Sonne niederging, kam Freddies Abgang. Dann um sieben Uhr am nächsten Morgen wartete er auf dem Rasierspiegel im Badezimmer auf mich.

Ein bevorzugter Zeitvertreib war eine Variation eines Spiels mit dem Namen »Husch husch Fliege!«, das Mitglieder des berühmten Pen & Pencil Clubs in Philadelphia gewöhnlich im Garten ihres Clubhauses spielten, wenn die Sonne hoch am Himmel stand und ganze Fliegenschwärme durch die Luft schwirrten.

Redakteure, Reporter, Künstler, Musiker, Schauspieler und andere saßen an einem großen, runden Tisch, wobei jeder ein Stück Zucker und einen Vorrat von Spielmarken vor sich liegen hatte. Zu Beginn jeder Spielrunde inspizierte ein Kellner, der als Zeremonienmeister fungierte, jedes Zuckerstückchen gründlich, um nachzusehen, daß es nicht heimlich mit einem nassen Finger befeuchtet worden war. Fliegen ziehen natürlich feuchten Zucker vor. Wenn er das Gefühl hatte, daß alles seine Ordnung hatte, wedelte der Kellner mit einem Tuch und verscheuchte die Fliegen in alle Richtungen. Wenn sie ausreichend weit entfernt waren, hörte er auf, mit dem Tuch herumzuwedeln und lud sie freundlich ein, zurückzukommen und sich des Zuckers zu bedienen. Für jede Fliege, die auf seinem Zuckerstückchen landete, erhielt der Spieler einen Chip von allen anderen Spielern. Es war ein Gesellschaftsspiel in einer seiner langweiligsten und unsinnigsten Form.

Die Variation dieses Spiels, das Freddie und ich miteinander spielten, war ebenso unsinnig, aber dennoch machte es riesigen Spaß. Zuerst markierte ich auf einer meiner Handflächen mit farbiger Kreide zwei »Landeplätze«, wobei einer seine Seite und der andere meine darstellte. Zu Beginn jeder Spielrunde mußte sich Freddie auf eine meiner Fingerspitzen setzen. Dann warf ich ihn plötzlich in die Luft. Wenn er wieder zurückkam, öffnete ich die markierte Hand für seinen Landeflug und schrieb dann auf, wer gewonnen und verloren hatte, je nachdem, auf welcher Seite er gelandet war. Er schlug mich ständig, aber schließlich war ja er es, der flog und landete. Als Freddie schließlich aus meinem Leben verschwand, schuldete ich ihm über 300000 Dollar an Spielschulden. Natürlich hatten wir sehr hoch gespielt.

Als ich die Lust an dem Spiel verlor (was bei ihm niemals der Fall zu sein schien), lud ich ihn ein, sich so in meine Nähe zu setzen, daß ich einen Flügel streicheln konnte, und wir beide entspannten uns und hörten still der Stimme des Lebens zu, die durch uns beide sprach. Und immer wieder erfuhren die kleine Stubenfliege und ich die große Wahrheit, daß dort, wo gegenseitiges Verständnis, Zuvorkommenheit, Respekt und Anerkennung sind, auch immer die Kameradschaft des Lebens gegenwärtig ist.

33

# Die Abfuhr

Wo auch immer ich im Haus hinging, kam Freddie mit mir und beteiligte sich, so gut er konnte, an meiner Aktivität, wobei er oftmals auf meiner Schulter saß und manchmal vor mir herflog und Turnübungen in der Luft vollführte. Wenn ich in Eile war und durch die Zimmer rannte, schoß er immer vor mir her und zeigte mir damit, wie unvollkommen ich in Wirklichkeit in Hinsicht auf Geschwindigkeit und Beweglichkeit war. Wenn ich plötzlich stehenblieb, drehte er gewöhnlich ein paar Beobachtungsloopings und kehrte dann wieder auf meine Schulter zurück. Wenn ich eine Sendung im Radio hören wollte, hockte Freddie auf dem Radio und schien auch zuzuhören. Wenn ich irgend etwas aus einem Bücherregal oder Aktenschrank holen mußte, überwachte er meine Tätigkeit von einem nahen Aussichtspunkt aus. Während ich schrieb, verbrachte er seine Zeit damit, in meiner Nähe seine Runden zu drehen oder auf dem Schreibtisch herumzuschnüffeln.

Obwohl Freddie die Erlaubnis hatte zu tun, was ihm gefiel, gab es eine Bedingung, an die er sich halten mußte. Er durfte nicht auf meinem Gesicht, meinen Händen oder anderen Körperteilen auf meiner bloßen Haut herumkrabbeln. Ich erklärte ihm ausführlich, daß dieses Herumkrabbeln auf der menschlichen Haut dazu führt, die Mitglieder meiner Rasse zu gewalttätigen Stimmungen und Handlungen herauszufordern. Er muß mich verstanden haben, denn er mißachtete diese Regel kein einziges Mal in der ganzen Zeit, wo er mit mir zusammen war. Er krabbelte über meine Kleidung, die als »freies Territorium« erklärt war, und sogar an meinem Hemdkragen und an den Manschetten meiner Hemdsärmel entlang, aber kein einziges Mal berührten seine Füße ohne Erlaubnis meine Haut.

Hier war ein Beispiel für wirklich soziale Zusammenarbeit von seiten »einer gewöhnlichen kleinen Stubenfliege«, die niemals irgendeine Art von Erziehung erhalten hatte, weder lesen, noch schreiben, noch Fragen stellen konnte, die niemals in einem anderen Teil der Welt gelebt und die keinen Knigge für gutes Benehmen hatte. Aber solche menschliche Hilfsmittel brauchte sie nicht. Es war ihre angeborene Fähigkeit zu wissen, zu sein und zu geben.

Eines Tages, als ich bereits einige Stunden im Bett lag, klopfte es spät nachts an der Haustür, als ob ein Polizeikommando davorstünde. Es stellte sich heraus, daß es ein befreundeter Schauspieler war, der vor Neugierde und Aufregung platzte. Auf einer Dinnerparty, von der er gerade kam, hatte er von Freddie der Fliege gehört. Er hatte großes Interesse an den Berichten, wollte sie aber nicht glauben, bevor er sich persönlich davon überzeugt hatte.

Ich erklärte ihm, daß er Freddie zu dieser Tageszeit unmöglich kennenlernen könnte, da ich nicht wußte, wo sich der kleine Kerl in der Zeit zwischen Sonnenuntergang und Sonnenaufgang aufhielt. Ich schlug ihm vor, daß er am nächsten Tag wiederkommen sollte, wenn ich ihm Freddies Erscheinen garantieren konnte. Aber das war unmöglich. Er verreiste am nächsten Morgen nach New York. Er bat und bettelte, nur einen Blick auf Freddie werfen zu dürfen. Schließlich willigte ich, wider mein besseres Wissen, ein und versprach zu versuchen, Freddie herbeizuholen.

Der Schauspieler fand einen gemütlichen Platz in der Mitte einer großen Couch, wo er das ganze Zimmer im Blick hatte. Ich setzte mich in einen Sessel, dessen Lehne einer von Freddies Lieblingsplätzen war. Mein Freund begann mich in derselben Weise anzustarren, wie die Menschen gewöhnlich den großen Zauberer Houdini anstarrten.

Ich saß sehr ruhig und ohne das geringste äußere Anzeichen, was ich wirklich tat, begann ich, im stillen Alarmrufe zu Freddie zu senden.

Wir warteten und warteten und warteten. Aber kein Freddie erschien. In Anbetracht der Hochspannung, unter der er stand, war der Schauspieler unglaublich geduldig. Dennoch begann eine Atmosphäre des Unglaubens von ihm auszustrahlen. Ich rief weiterhin im stillen nach Freddie.

Es verging noch viel Zeit, und nichts geschah. Dann, als ich das Ganze gerade aufgeben wollte, sauste ein quicklebendiger Lebensfunken aus der Dunkelheit des Schlafzimmers heraus. Es war Freddie. Er begann, langsame Kreise in meiner Augenhöhe zu drehen.

»Ist das auch wirklich Freddie?« keuchte der Schauspieler.

Einige Minuten lang beobachteten wir beide die kleine Fliege, wie sie langsam kreiste und darauf zu warten schien zu erfahren, welche Pläne wir hatten. Dann kam sie herunter und landete anmutig und gekonnt auf meiner Fingerspitze. Ich bin sicher, daß ich noch niemals zuvor einen Gesichtsausdruck gesehen habe wie den des Schauspielers. Eine Weile lang sprach ich laut mit Freddie, dankte ihm für sein Kommen, erklärte ihm die ganze Situation und, als passender Höhepunkt des Ganzen, stellte ich ihn dem Schauspieler vor.

Daraufhin landete Freddie auf meinen Vorschlag hin auf der Sessellehne, damit ich seine Flügel streicheln konnte. Der Schauspieler war von dem, was er gesehen hatte, zutiefst beeindruckt und erhob sich von der Couch, um ebenfalls mit Freddie zu spielen. Aber als er seine Hand ausstreckte, flog Freddie davon und setzte sich an die Decke, von der er nicht mehr herunterkam, bis der Schauspieler wieder auf der Couch saß. Unser Besucher unternahm wiederholte Anstrengungen, begleitet von allen möglichen höflichen Worten und Sätzen, um Freddies Freundschaft zu gewinnen. Aber jedesmal, wenn er dies tat, flitzte der kleine Kerl hinauf zur Decke. Es war eine unmißverständliche Abfuhr.

»Aber ich will ihm doch gar nicht wehtun!« rief der Schauspieler aus und bat mich zu vermitteln.

Ich erklärte ihm, daß er in diesem Punkt Freddie und nicht mich überzeugen müßte. Er versuchte es immer wieder, wobei er jede erdenkliche stimmliche und körperliche Technik benutzte. Freddie aber wollte absolut nichts mit ihm zu tun haben.

Obwohl unser Besucher nach außen hin höflich reagierte, war er über Freddies Verhalten sehr verärgert. In der Welt der Unterhaltung stellt er sich selbst mit beträchtlichem Erfolg zur Schau und ist es gewöhnt, daß man ihm als wichtiger Persönlichkeit mit großem Respekt begegnet. Er erwartet, daß jeder dies zumindest bis zu einem gewissen Maß erkennt und ihm in der einen oder anderen Weise Tribut zollt. Und hier hatte ihn eine ganz gewöhnliche Stubenfliege zum Narren gehalten und sein Selbstwertgefühl angekratzt. Eine gewöhnliche kleine Stubenfliege hatte ihm eine Abfuhr erteilt. Das gefiel ihm absolut nicht.

## 34

# Die Herrlichkeit eines neuen Morgens

Unser Gast bestand darauf zu wissen, warum seine Freundschaftsangebote abgewiesen worden waren. Wir unterhielten uns, bis sich das erste Licht der Morgendämmerung durch die Fenster stahl. Während er sprach, machte er drei bedeutsame Bemerkungen. Die erste war, daß er einem Denken, das hinter seinen Worten und Handlungen stand, nur verhältnismäßig wenig Aufmerksamkeit schenkte. Zweitens Fliegen hatte er immer gehaßt. Drittens hatten Fliegen immer das getan, was er, aufgrund seiner Vorurteile, von ihnen erwartet hatte.

Ich fragte ihn, was er getan hätte, wenn Freddie in meinem Haus neben ihm gelandet wäre und ich wäre nicht dagewesen, um sie miteinander bekanntzumachen. Er antwortete, daß er wahrscheinlich versucht hätte, ihr den Garaus zu machen, um damit allen Menschen einen Gefallen zu tun. Ich fragte ihn, ob diese Einstellung, seiner Meinung nach, etwas damit zu tun haben könnte, wie Freddie auf ihn reagierte. Er lehnte sich gegen einen Kissenberg zurück und begann, langsam über sein vielfotografiertes Kinn zu streichen. Die Frage hatte seine Gedanken auf ein ihm fremdes Gebiet gelenkt, und während er darüber nachdachte, flog Freddie auf meine Einladung hin von der Stuhllehne auf meine Handfläche.

Schließlich tauchte unser Besucher wieder aus seinem Schweigen auf. »Um ehrlich zu sein«, sagte er, »ich weiß nicht, wie ich Ihre letzte Frage beantworten soll. Ich bin ziemlich verwirrt über das, was heute Nacht hier vorgefallen ist. Ich verstehe nichts von alldem, aber was immer es ist, ich scheine falsch zu liegen. Oder? Warum ist meine Einstellung zu Fliegen so verkehrt? Jeder denkt so über Fliegen außer Ihnen. Die ganze Welt denkt so. Kann eine Mehrheit wie diese unrecht haben? Denn schließlich, was unterscheidet denn Ihre Fliege so sehr von denen, außer den interessanten Tricks, die Sie ihr beigebracht haben?«

Ich erklärte ihm, daß ich dachte, er sollte sich diese Fragen selbst beantworten. »Aber bevor Sie sich darum bemühen«, fügte ich hinzu, »gibt es ein paar Tatsachen, die ich Ihnen klarmachen sollte anstelle von Freddie, dessen stille Sprache des Herzens Sie bisher noch nicht zu sprechen gelernt haben. Als erstes möchte Freddie Ihnen zu verstehen geben, daß er weiß, daß all Ihre Freundschaftsangebote weder echt noch aufrichtig waren, sondern daß Sie ihm dies nur vorgemacht haben. Deshalb glaubt er Ihnen oder dem, was Sie zu ihm gesagt haben, nicht. Soweit es ihn betrifft, sind Sie nichts anderes als ein ganz gewöhnlicher Mörder.«

Unser Besucher sah verwirrt aus. Wahrscheinlich hatte noch nie jemand so mit ihm gesprochen, zumindest nicht, seit er berühmt war. Ich konnte sehen, daß er herauszufinden suchte, ob ich es wirklich ernst meinte oder mir nur einen Spaß auf seine Kosten erlaubte. Bevor er jedoch zu irgendwelchen endgültigen Entscheidungen gelangen konnte, gab ich ihm den Rest.

»Die Persönlichkeit, die Sie kultiviert haben und die Ihnen in beruflicher und sozialer Hinsicht so gute Dienste leistet«, sagte ich zu ihm, »mag ja gut genug für Ihre zwischenmenschlichen Beziehungen sein, aber sie ist nicht gut genug für diese kleine Fliege, wie sie Ihnen deutlich gezeigt hat. Als Sie und die Fliege heute nacht in

Sichtkontakt miteinander kamen, begann sie, Sie einer schnellen und genauen Überprüfung zu unterziehen, nicht nur hinsichtlich Ihrer körperlichen Erscheinung und der Laute, die aus Ihrer Kehle kamen, sondern besonders der geistigen Atmosphäre, die Sie ausstrahlten, und der inneren Haltung, die Sie ihr gegenüber einnahmen. Die Fliege konnte all dies so genau spüren, als ob Sie sie mit der Hand berührt hätten. Und nachdem sie sich einen Gesamteindruck von Ihnen verschafft hatte, wollte sie nichts mit Ihnen zu tun haben. Können Sie diesem kleinen Kerl irgendeinen Vorwurf machen, wenn Sie es so betrachten?«

Es war lange still. Unser Besucher könnte sich in tiefer Meditation befunden, geschlafen haben, oder sogar tot gewesen sein. Er machte nicht die geringste Bewegung. Schließlich öffnete er die Augen. »Nein«, sagte er langsam und mit tiefer Aufrichtigkeit, »ich kann Ihrem kleinen Freund absolut keinen Vorwurf dafür machen, daß er mich so behandelt hat. Es mußte so sein.«

Wieder trat ein langes Schweigen ein. Dann stand unser Besucher von der Couch auf, trat nahe an den Sessel heran, auf dem ich mit Freddie auf der Hand saß und betrachtete ihn mit echtem Interesse. Freddie drehte sich schnell in seine Richtung, aber dieses Mal sauste er nicht zur Decke hinauf. »Wunder – Zeichen – Erstaunliches geschah!« Tief in seinem Inneren hatte der Schauspieler bewußt eine richtige Saite in der Harmonie des Universums angeschlagen, und in der Kürze eines Augenblicks entwickelte sich ein Verstehen zwischen ihm und der Fliege. Er wußte dies. So wie Freddie. Und wie auch ich. Darüber hinaus wußte ich, daß der Schauspieler niemals mehr in seinem Leben von Fliegen belästigt werden würde, solange er diesen inneren Akkord anschlug. Und so war es auch.

Charmant wie im Film verbeugte er sich vor dem kleinen Philosophen in meiner Hand. »Vielen Dank, Freddie«, sagte er. »Du hast mir heute nacht eine wichtige Lektion erteilt, eine Lektion, die ich dringend brauchte. Ich werde sie nicht vergessen, das verspreche ich Euch beiden.« Dann drehte er sich mit einem fröhlichen »Bis dann« um und ging hinaus in den jungen Tag.

Freddie und ich blieben noch im morgendlichen Sonnenschein sitzen. Ich dachte über unsere Freundschaft nach und konnte mich an keinen einzigen Umstand erinnern, wo die kleine Fliege auch nur einmal ein unsoziales Verhalten gezeigt hätte, wofür sie so unbarmherzig verfolgt und niedergemetzelt wird. Ihr Charakter und ihr Verhalten wäre für den Menschen empfehlenswert. Für das gute Beispiel, das er mir als Mitgeschöpf gab, und als ein besonderes Zeichen meiner großen Bewunderung, meines Respekts und meiner Zuneigung verlieh ich ihm im Geist eine Verdienstmedaille.

Gerade als ich meine Herzensrede beendete, flog Freddie plötzlich auf und begann, langsam über meinem Kopf zu kreisen, wobei ein Kreis immer etwas höher war als der vorherige. Die Sonnenstrahlen, die durch die Fenster hereinfielen, überschütteten ihn mit reinem Gold und machten ihn selbst zu einem funkelnden Teil der Strahlen. Und dann – über Jahrhunderte hinweg – konnte ich im Inneren Meister Eckharts Worte hören: »Als ich in Paris predigte, sagte ich, kein Mensch in Paris, trotz all seines Wissens, kann sich vorstellen, daß Gott auch in dem unbedeutendsten Wesen wohnt – sogar in einer Fliege.«

Freddies langsame Kreise schraubten sich immer höher. Ich fragte mich, was er im Sinn hatte und wohin er flog. Runde für Runde drehte er seine schillernden Kreise. Dann verschmolz er mit den Sonnenstrahlen und wurde so eins mit der Herrlichkeit des Morgens, daß es unmöglich wurde, ihn als getrenntes Wesen zu unterscheiden. Es war alles eine Gegenwart, ein Wesen, ein Geschehen. Und irgendwo in all dem war mein kleiner Freund und Lehrer Teil dieser göttlich bewegten Pracht.

Ich sah Freddie die Fliege niemals wieder. Es war ein vollkommener Abgang eines vollkommenen Künstlers nach einer vollkommenen Darbietung.

## Ich bin der Henley

**Ein geretteter Hund erzählt sein Leben**

*Henley Harrison West & Judith Kristen*
120 Seiten, gebunden, mit Farbfotos
ISBN 978-3-926388-97-1 € 11,90

---

## Der Engel an meiner Seite

**Die wahre Geschichte eines Hundes, der einen Menschen rettete ... und eines Menschen, der einen Hund rettete**

*von Mike Lingenfelter & David Frei*
200 Seiten, brosch., 8 Fotos
ISBN 978-3-926388-95-7 € 18,50

---

## Kleines Katzen Survival Kit

**Erste Hilfe bei Alltagsdramen, Krankheiten, Unfällen, Verhaltensstörungen**

*von Barbara Zierdt*
140 Seiten, gebunden
ISBN 978-3-94143435-00-1 € 17,90

---

## Bruder Hengst und Schwester Katze

**Faszinierendes Seelenleben der Tiere**

Hörbuch – CD mit Text und Musik, 60 Min.

*von Hugh-Friedrich Lorenz*
ISBN 978 3 926388 92 6 € 17,90

---

Reichel Verlag, Reifenberg 85, D-91365 Weilersbach, Tel. 09194 - 8900, Fax – 4262
Internet: www.reichel-verlag.de E-Mail: mail@reichel-verlag.de

## Ohne Worte

**Mit Tieren und Natur sprechen**

*von Marta Williams*
195 Seiten, gebunden, illustriert
ISBN 978-3-926388-80-3 € 18,50

## Hund, Katze, Maus

**Ein Tier-Sprachkurs für Kinder von 7-14 Jahren**

*von Marta Williams*
68 Seiten, 18 Farbfotos, geb. 18,7x19,7 cm
ISBN 978-3-926388-85-8 € 13,30

## Frag dein Tier

*von Marta Williams*
220 Seiten, gebunden, viele Fotos
ISBN 978-3-926388-98-8 € 18,50

## Tierisch einfach

**Warum und Wie Sie Tiere verstehen und mit ihnen sprechen lernen**
*von Amelia Kinkade*
360 Seiten, gebunden
ISBN 978-3-926388-81-0 € 18,50

## Ich schlüpfe in Deine Haut

**Reise in das Bewußtsein von Tieren und Pflanzen**
*von Dawn Baumann-Brunke*
272 Seiten, brosch.
ISBN 978-3-941435-02-5 € 18,50

## Massagen für Katzen

**und für Herrchen und für Frauchen**

*von Claire & Christian Gaudin*

48 Seiten, gebunden, 20,5 x 24,5 cm
ISBN 978-3-926388-90-2 € 12,95

---

## Tiere erzählen vom Tod

**Wie Tiere ihr Sterben erleben und den Weg ins Licht finden**

*von Penelope Smith*

200 Seiten, gebunden

ISBN 978-3-9263887-6-6 € 18,50

---

Hörbuch auf CD

## Gespräche mit Delfinen

*von Penelope Smith*
79 Minuten, ISBN 978-3-9808707-7-1 € 18,00

---

Hörbuch auf 2 CDs

## Grundkurs: Tierkommunikation

**Mit Tieren sprechen: So geht´s**

*von Penelope Smith*
150 Minuten, ISBN 978-3-939152-02-6 € 21,90

---

## Tierisch gute Sprüche

**mit 65 Farbfotos**

*von Heidegund Leithe und Katrin Weber*

144 Seiten,
ISBN 978-3-9808707-0-2 € 12,50

---

Reichel Verlag, Reifenberg 85, D-91365 Weilersbach, Tel. 09194 - 8900, Fax – 4262
**Internet: www.reichel-verlag.de E-Mail: mail@reichel-verlag.de**